한 권으로 구구단 끝

지은이 이은경, 이성종
펴낸이 임상진
펴낸곳 (주)넥서스

초판 1쇄 인쇄 2021년 7월 5일
초판 1쇄 발행 2021년 7월 9일

출판신고 1992년 4월 3일 제311-2002-2호
10880 경기도 파주시 지목로 5
Tel (02)330-5500 Fax (02)330-5555

ISBN 979-11-6683-084-6 63410

www.nexusbook.com
www.nexusEDU.kr/math

한 주에 한 단씩

• 곱셈구구 8주 완성 •

한 권으로 구구단 끝

이은경, 이성종 지음

초등 수학 **2**학년 과정

넥서스에듀

이은경

'슬기로운 초등생활' 유튜브와 네이버 채널에 초등 공부법, 초등 생활법에 관한 많은 콘텐츠들을 공유하면서 10만 명이 믿고 보는 초등자녀교육 대표 채널로 자리매김했다. 지은 책으로는 『초등 자기주도공부법』, 『초등 매일 공부의 힘』, 『초등 완성 매일 영어책 읽기 습관』, 『초등 매일 글쓰기의 힘』, 『그렇게 초등 엄마가 된다』, 『참 쉽다 초등학교 입학준비』, 『오후의 글쓰기』 등이 있다.

이성종

초등학교 16년 차 현직 교사로 네이버 오디오클립 『초등아들키우기(채널 썬샤인)』을 통해 초등 아이들의 생활 습관과 학습 방법에 대한 자료와 경험을 공유하고 있다. 초등 영재 학급을 수년간 운영하고 강사로 활동하였으며, 지은 책으로는 『당신 아들, 문제 없어요』, 『초등 자기주도공부법』, 『어린이를 위한 초등 자기주도공부법+배움공책』, 『초등 6년이 아이의 인생을 결정한다』 등이 있다.

안녕하세요, 반갑습니다!
이은경, 이성종 선생님이에요.

우리는 초등 친구들이 매일 아침이면 찾아가는 초등학교에서 15년 넘는 시간 동안 함께 공부했는데요, 그러는 시간 동안 정말 안타깝고도 기특한 사실을 알게 되었어요. 우리 초등 친구들이 얼마나 열심히 구구단을 공부하는지, 얼마나 구구단을 잘하고 싶은지, 하지만 아쉽게도 구구단을 제대로 공부하는 법을 잘 몰라 헤매고 있는지 말이에요.

구구단은 무조건 많이 여러 번 반복하며 달달 외운다고 해서 잘하는 게 아니에요. 구구단이 어떤 원리로 만들어졌는지 제대로 알고 그 방법을 이해한 후에 연습해야 오랫동안 잊어버리지 않고 곱셈, 나눗셈에 잘 활용할 수 있어요.

명심해야 할 점이 하나 있어요. 구구단을 익히는 일은 한두 번 해서 완성되거나 쉽게 끝나지 않는다는 것이죠. 그렇기 때문에 앞으로 8주 동안 매일 조금씩, 차근차근 익혀 나갔으면 좋겠어요!

이 구구단 책은 모두 6단계의 과정을 하나하나 밟아 가며 구구단의 원리를 알고 이해하고 익히고 외운 후, 구구단을 이용한 재미있고 수상한 퀴즈를 풀어 볼 수 있어요. 구구단을 시작하는 친구들, 구구단을 배웠지만 아직 제대로 이해하지 못하는 친구들, 구구단을 이해하지만 외우기 힘든 친구들 모두에게 다정한 선생님이 되어 줄 거예요. 책에 나오는 친구들이 아빠, 엄마와 함께 어떤 하루를 보내며 구구단의 원리를 익혀 가는지 살펴보고 우리도 함께 해 보아요!

자, 그럼 즐거운 구구단 세상으로 출발!

2021년
이은경, 이성종 선생님이

구성 및 특징

1단계 **우리 가족 이야기**

곱셈구구와 관련된 우리 가족 이야기를
읽으면서 실생활에서 곱셈구구가 어떻게
쓰이는지 알 수 있어요!

2단계 **퐁당퐁당 띄어 세기**

'배'의 개념과 '스티커를 이용한 띄어 세기'를 통해
곱셈의 원리를 재미있게 이해할 수 있어요.

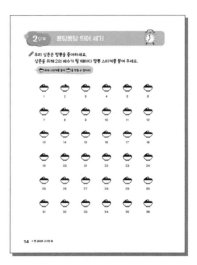

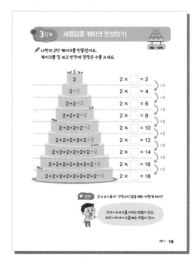

3단계 **새콤달콤 케이크 완성하기**

같은 수를 여러 번 더하는 계산을 곱셈으로
간단하게 바꾸어 보면서 곱셈의 필요성을 느낄 수
있어요.

4단계 읽고 써 보기

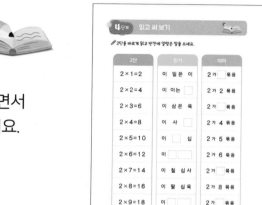

구구단을 소리 나는 대로 읽고 써 보면서
눈으로도 손으로도 익숙해질 수 있어요.

5단계 달인 도전하기

곱셈구구의 암기 실력이 초보, 실력, 고수, 달인
중에 어디에 해당하는지 파악할 수 있어요!

6단계 비밀번호 찾기

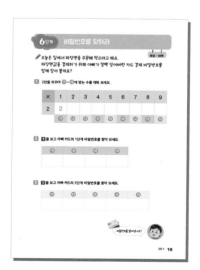

곱셈표를 완성하여 만든 힌트를 이용해
주어진 비밀번호 퀴즈를 풀 수 있어요!

『한 권으로 구구단 끝』만의 특별한 콘텐츠

★ **단짝 친구를 소개합니다**

분배 법칙을 이용해 곱셈구구의 구조를 파악하고,
특정 단끼리의 연관성을 이해할 수 있어요.

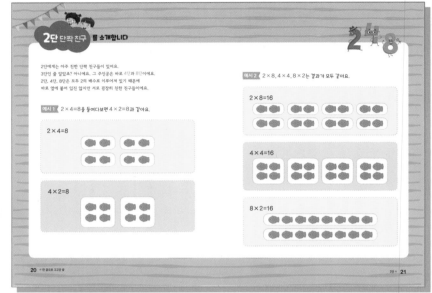

★ **내가 바로 빙고왕**

놀면서 배우는 곱셈구구! 친구와 함께
곱셈구구 빙고를 즐길 수 있어요.

★ 온라인으로 즐기는 구구단

① 다양하고 재미있는 구구단 게임
② 나만의 무한 테스트지 제작! 구구단 출제 마법사
③ 빙고판 파일 다운로드

✅ 스마트폰이 없어도 걱정 마세요!
넥서스에듀 홈페이지로 들어오세요.

※ 모든 무료 부가서비스를 PC에서도 이용할 수 있습니다.

넥서스에듀 수학 홈페이지
math.nexusedu.kr

8주 도전 학습 계획표

 하루하루 끝내기로 정한 학습 분량을 마치고 계획표에 동그라미 표시해 보세요!
스스로 공부하는 습관이 길러지고, 구구단의 실력이 쑥쑥 향상됩니다.

구분	1일 차	2일 차	3일 차	4일 차	5일 차
첫째 주 2단	1+2단계	3+4단계	5단계	6단계 + 빙고 게임	QR코드로 복습하기
둘째 주 5단	1+2단계	3+4단계	5단계	6단계 + 빙고 게임	QR코드로 복습하기
셋째 주 3단	1+2단계	3+4단계	5단계	6단계 + 빙고 게임	QR코드로 복습하기
넷째 주 6단	1+2단계	3+4단계	5단계	6단계 + 빙고 게임	QR코드로 복습하기
다섯째 주 4단	1+2단계	3+4단계	5단계	6단계 + 빙고 게임	QR코드로 복습하기
여섯째 주 8단	1+2단계	3+4단계	5단계	6단계 + 빙고 게임	QR코드로 복습하기
일곱째 주 7단	1+2단계	3+4단계	5단계	6단계 + 빙고 게임	QR코드로 복습하기
여덟째 주 9단	1+2단계	3+4단계	5단계	6단계 + 빙고 게임	QR코드로 복습하기

 우리 가족의 짜장면 이야기

우리 식구는 모두 4명이야.

아빠, 엄마, 누나 그리고 나.

우리 가족은 모두 짜장면을 좋아해.

다른 사람들은 짜장면과 짬뽕을 놓고 고민한다는데 우리 집은 노노노!

무조건 짜장면이지. 짜장면은 사랑이야.

짜잔, 우리 가족이 짜장면을 먹는 모습이야.

먹음직스러워 보이지?

✏️ 젓가락은 2개가 1쌍이에요. 젓가락이 몇 개인지 세어 볼까요?

1 젓가락 1쌍

 젓가락 2개 | 2개 × 1쌍 = 2개

2 젓가락 2쌍

 $2 + \boxed{}$ | $2 \times 2 = \boxed{}$

3 젓가락 3쌍

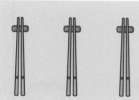 $2 + 2 + 2$ | $2 \times \boxed{} = 6$

4 젓가락 4쌍

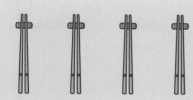 $2 + 2 + \boxed{} + 2$ | $2 \times \boxed{} = \boxed{}$

젓가락은 한 쌍에 $\boxed{}$ 개씩 있으니까

젓가락 4쌍은 모두 $\boxed{}$ 개예요.

폴당폴당 띄어 세기

✏️ 우리 삼촌은 짬뽕을 좋아하세요.
삼촌을 위해 2의 배수가 될 때마다 짬뽕 스티커를 붙여 주세요.

💬 🍜 위에 스티커를 붙여 🍜 을 만들 수 있어요!

1	2	3	4	5	6
7	8	9	10	11	12
13	14	15	16	17	18
19	20	21	22	23	24
25	26	27	28	29	30
31	32	33	34	35	36

3단계 새콤달콤 케이크 완성하기

정답 ▶ 82쪽

나만의 2단 케이크를 만들었어요.
케이크를 잘 보고 빈칸에 알맞은 수를 쓰세요.

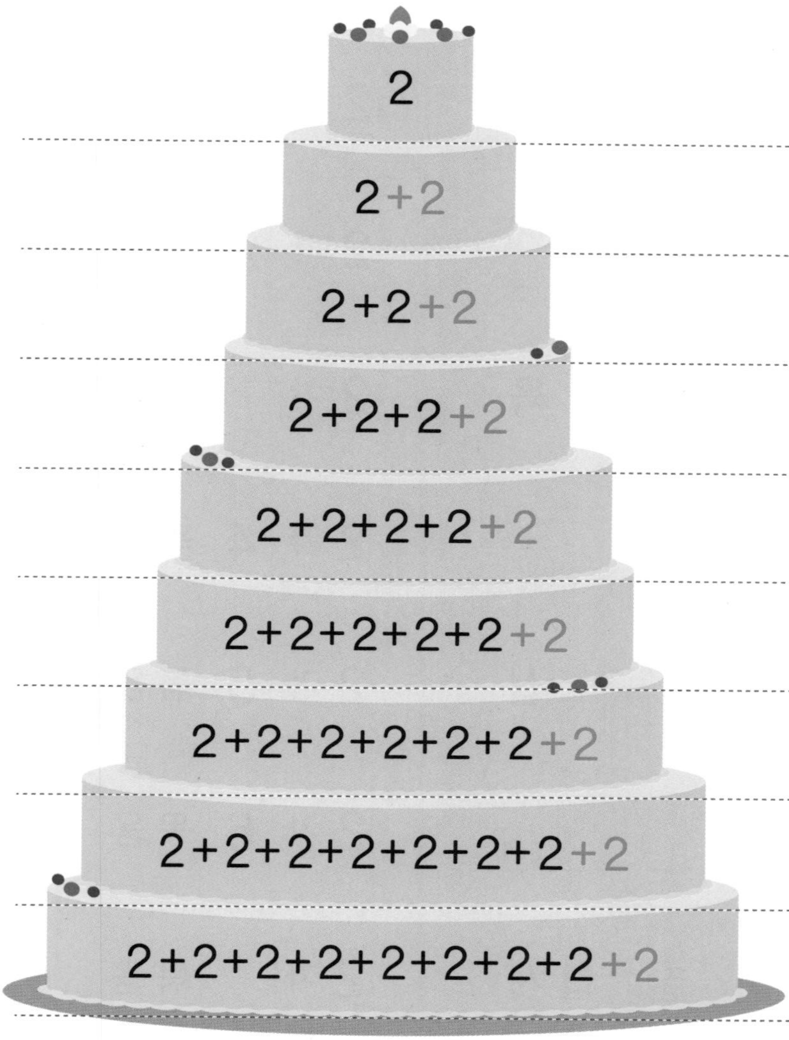
2
2+2
2+2+2
2+2+2+2
2+2+2+2+2
2+2+2+2+2+2
2+2+2+2+2+2+2
2+2+2+2+2+2+2+2
2+2+2+2+2+2+2+2+2

$2 \times \square = 2$

+2

$2 \times \square = 4$

+2

$2 \times \square = 6$

+2

$2 \times \square = 8$

+2

$2 \times \square = 10$

+2

$2 \times \square = 12$

+2

$2 \times \square = 14$

+2

$2 \times \square = 16$

+2

$2 \times \square = 18$

잠깐! $2 \times 4 = 8$ 이 기억나지 않을 때는 어떻게 하지?

2×3 = 6 에 **2**를 더하는 방법이 있고,
2×5 = 10 에서 **2**를 빼는 방법이 있어.

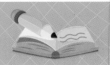

✏️ 2단을 바르게 읽고 빈칸에 알맞은 말을 쓰세요.

2단	읽기	의미
2 × 1 = 2	이 일은 이	2 가 [ ] 묶음
2 × 2 = 4	이 이는 [ ]	2 가 2 묶음
2 × 3 = 6	이 삼은 육	2 가 [ ] 묶음
2 × 4 = 8	이 사 [ ]	2 가 4 묶음
2 × 5 = 10	이 [ ] 십	2 가 5 묶음
2 × 6 = 12	이 [ ] [ ]	2 가 6 묶음
2 × 7 = 14	이 칠 십사	2 가 [ ] 묶음
2 × 8 = 16	이 팔 십육	2 가 8 묶음
2 × 9 = 18	이 [ ] [ ]	2 가 [ ] 묶음

5단계 달인에 도전하기 ❶

정답 ▶ 83쪽

✏️ 다음 빈칸에 알맞은 수를 쓰세요.

초보	▶▶▶ 보통	▶▶▶ 고수

2 × 1 = ☐   2 × 9 = ☐   2 × 6 = ☐

2 × 2 = ☐   2 × 8 = ☐   2 × 4 = ☐

2 × 3 = ☐   2 × 7 = ☐   2 × 3 = ☐

2 × 4 = ☐   2 × 6 = ☐   2 × 8 = ☐

2 × 5 = ☐   2 × 5 = ☐   2 × 2 = ☐

2 × 6 = ☐   2 × 4 = ☐   2 × 5 = ☐

2 × 7 = ☐   2 × 3 = ☐   2 × 1 = ☐

2 × 8 = ☐   2 × 2 = ☐   2 × 9 = ☐

2 × 9 = ☐   2 × 1 = ☐   2 × 7 = ☐

초보부터 달인까지, 한 단계씩
차근차근 도전해 볼까요? 좌절 금지!

2단 ● **17**

5 단계 달인에 도전하기 ❷

✏️ 다음 빈칸에 알맞은 수를 쓰세요.

▶▶▶ **달인**

$2 \times 2 = \boxed{}$

$2 \times \boxed{} = 14$

$2 \times 5 = \boxed{}$

$2 \times \boxed{} = 16$

$2 \times \boxed{} = 6$

$2 \times \boxed{} = 2$

$2 \times \boxed{} = 12$

$2 \times \boxed{} = 8$

$2 \times \boxed{} = 18$

$2 \times 6 = \boxed{}$

$2 \times \boxed{} = 8$

$2 \times 3 = \boxed{}$

$2 \times 9 = \boxed{}$

$2 \times \boxed{} = 4$

$2 \times \boxed{} = 10$

$\boxed{} \times 7 = 14$

$2 \times 1 = \boxed{}$

$2 \times \boxed{} = 16$

6단계 · 비밀번호를 찾아라

정답 ▶ 83쪽

✏️ 오늘은 집에서 짜장면을 주문해 먹으려고 해요.
짜장면값을 결제하기 위해 아빠가 깜빡 잊어버리신 카드 결제 비밀번호를
함께 찾아 볼까요?

1 2단을 외우며 **가** ~ **자** 에 맞는 수를 채워 보세요.

×	1	2	3	4	5	6	7	8	9
2	2								
	가	나	다	라	마	바	사	아	자

2 **1** 을 보고 아빠 카드의 1단계 비밀번호를 찾아 보세요.

가	라	바	아

3 **1** 을 보고 아빠 카드의 2단계 비밀번호를 찾아 보세요.

나	다	마	사	자

비밀번호를 알아냈나요?

2단 단짝 친구 를 소개합니다

2단에게는 아주 친한 단짝 친구들이 있어요.
3단인 줄 알았죠? 아니에요. 그 주인공은 바로 4단과 8단이에요.
2단, 4단, 8단은 모두 2의 배수로 이루어져 있기 때문에
바로 옆에 붙어 있진 않지만 서로 굉장히 친한 친구들이에요.

예시 1 $2 \times 4 = 8$을 들여다보면 $4 \times 2 = 8$과 같아요.

$2 \times 4 = 8$

$4 \times 2 = 8$

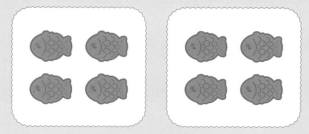

예시 2 2×8, 4×4, 8×2는 결과가 모두 같아요.

2×8=16

4×4=16

8×2=16

곱셈구구를 알아볼까요?

1단계 누구의 발일까?

우리 가족은 재미있는 사진 찍는 걸 정말 좋아해.
오늘은 모두 모여 발 사진을 찍었어.
어떤 발이 누구의 발인지 나중에 맞혀 보면 재미있을 것 같아.
아, 이렇게 보니 사진 한 장에 발가락이 정말 많다!

정답 ▶ 84쪽

✏️ 발 하나에 다섯 개의 발가락이 있어요. 발가락이 모두 몇 개인지 세어 볼까요?

1 발 1개

발가락 5개   5개 × 1개 = 5개

2 발 2개

5 + ☐   5 × 2 = ☐

3 발 3개

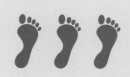

5 + 5 + 5   5 × ☐ = 15

4 발 4개

5 + 5 + 5 + ☐   5 × ☐ = ☐

발가락은 한 발에 ☐ 개씩 있으니까

발이 4개일 때 발가락의 수는 모두 ☐ 개예요.

✏️ 나는 흰 양말보다 알록달록한 줄무늬 양말을 좋아해요.
5의 배수가 될 때마다 줄무늬 양말 스티커를 붙여 주세요.

🧦 위에 스티커를 붙여 🧦 을 만들 수 있어요!

1	2	3	4	5	6
7	8	9	10	11	12
13	14	15	16	17	18
19	20	21	22	23	24
25	26	27	28	29	30
31	32	33	34	35	36
37	38	39	40	41	42
43	44	45	46	47	48
49	50	51	52	53	54

정답 ▶ 84쪽

✏ 나만의 5단 케이크를 만들었어요.
　케이크를 잘 보고 빈칸에 알맞은 수를 쓰세요.

5	$5 \times \boxed{} = 5$
5+5	$5 \times \boxed{} = 10$
5+5+5	$5 \times \boxed{} = 15$
5+5+5+5	$5 \times \boxed{} = 20$
5+5+5+5+5	$5 \times \boxed{} = 25$
5+5+5+5+5+5	$5 \times \boxed{} = 30$
5+5+5+5+5+5+5	$5 \times \boxed{} = 35$
5+5+5+5+5+5+5+5	$5 \times \boxed{} = 40$
5+5+5+5+5+5+5+5+5	$5 \times \boxed{} = 45$

+5
+5
+5
+5
+5
+5
+5
+5

🔍 **잠깐!** 　$5 \times 4 = 20$ 이 기억나지 않을 때는 어떻게 하지?

$5 \times 3 = 15$ 에 **5**를 더하는 방법이 있고,
$5 \times 5 = 25$ 에서 **5**를 빼는 방법이 있어.

✏️ 5단을 바르게 읽고 빈칸에 알맞은 말을 쓰세요.

5단	읽기	의미
5 × 1 = 5	오 일은 오	5 가 ☐ 묶음
5 × 2 = 10	오 이 십	5 가 2 묶음
5 × 3 = 15	오 삼 ☐	5 가 ☐ 묶음
5 × 4 = 20	오 ☐ 이십	5 가 4 묶음
5 × 5 = 25	오 ☐ 이십오	5 가 5 묶음
5 × 6 = 30	오 육 ☐	5 가 6 묶음
5 × 7 = 35	오 칠 ☐	5 가 ☐ 묶음
5 × 8 = 40	오 ☐ 사십	5 가 8 묶음
5 × 9 = 45	오 ☐ ☐	5 가 ☐ 묶음

정답 ▶ 85쪽

✏️ 다음 빈칸에 알맞은 수를 쓰세요.

| 초보 | ▶▶▶ | 보통 | ▶▶▶ | 고수 |

5 × 1 = ☐

5 × 2 = ☐

5 × 3 = ☐

5 × 4 = ☐

5 × 5 = ☐

5 × 6 = ☐

5 × 7 = ☐

5 × 8 = ☐

5 × 9 = ☐

5 × 9 = ☐

5 × 8 = ☐

5 × 7 = ☐

5 × 6 = ☐

5 × 5 = ☐

5 × 4 = ☐

5 × 3 = ☐

5 × 2 = ☐

5 × 1 = ☐

5 × 6 = ☐

5 × 4 = ☐

5 × 3 = ☐

5 × 8 = ☐

5 × 2 = ☐

5 × 5 = ☐

5 × 7 = ☐

5 × 9 = ☐

5 × 1 = ☐

초보부터 달인까지, 한 단계씩
차근차근 도전해 볼까요? 좌절 금지!

다음 빈칸에 알맞은 수를 쓰세요.

▶▶▶ 달인

5 × 2 = ☐   5 × 6 = ☐

5 × 1 = ☐   5 × 4 = ☐

5 × 5 = ☐   ☐ × 3 = 15

5 × ☐ = 40   5 × 9 = ☐

5 × ☐ = 15   5 × ☐ = 10

5 × ☐ = 35   5 × ☐ = 5

5 × ☐ = 30   5 × ☐ = 25

5 × ☐ = 20   ☐ × 7 = 35

5 × ☐ = 45   5 × 8 = ☐

6단계 비밀번호를 찾아라

✏️ 우리 가족의 예쁜 발 사진을 사진 보관함에 자물쇠를 걸어
보관했어요. 5단을 이용하여 사진보관함의 자물쇠를 열어 볼까요?

1 5단을 외우며 가 ~ 자 에 맞는 수를 채워 보세요.

×	1	2	3	4	5	6	7	8	9
5	5								
	가	나	다	라	마	바	사	아	자

2 **1** 을 보고 첫 번째 사진 보관함의 비밀번호를 찾아 보세요.

다	라	사	아

3 **1** 을 보고 두 번째 사진 보관함의 비밀번호를 찾아 보세요.

가	나	마	바	자

3단 곱셈구구를 알아볼까요?

1단계 우리 가족의 소풍 이야기

가족들과 유원지에 놀러 갔는데,
거기서 바퀴가 세 개 달린 전기 자전거를 빌려 탈 수 있었어.
누나와 나는 술래잡기가 더 재밌을 것 같아서 빌리지 않았지.
하지만 전기 자전거를 타는 엄마와 아빠의 모습을 보니
정말 빠르고 재밌어 보였어.
결국 누나와 나도 전기 자전거를 빌렸고,
우리 가족은 다같이 신나게 유원지를 씽씽 달리며 놀았지.
자전거는 정말 재미있어!

✏️ 전기 자전거 한 대에는 바퀴가 세 개있어요. 바퀴가 모두 몇개인지 세어 볼까요?

1 전기 자전거 1대

 바퀴 3개 ┆ 3개 × 1대 = 3개

2 전기 자전거 2대

 3 + ☐ ┆ 3 × 2 = ☐

3 전기 자전거 3대

 3 + 3 + 3 ┆ 3 × ☐ = 9

4 전기 자전거 4대

 3 + 3 + 3 + ☐ ┆ 3 × ☐ = ☐

전기 자전거 한 대에 바퀴가 ☐ 개씩 달려 있으니까

전기 자전거 네 대에는 바퀴가 모두 ☐ 개예요.

✏️ 신나게 자전거를 타고 나서 엄마가 초코 아이스크림을 사 주셨어요.
3의 배수마다 초코 아이스크림이 되도록 스티커를 붙여 주세요.

🍦 위에 스티커를 붙여 🍦 을 만들 수 있어요!

| 1 | 2 | 3 | 4 | 5 | 6 |

| 7 | 8 | 9 | 10 | 11 | 12 |

| 13 | 14 | 15 | 16 | 17 | 18 |

| 19 | 20 | 21 | 22 | 23 | 24 |

| 25 | 26 | 27 | 28 | 29 | 30 |

| 31 | 32 | 33 | 34 | 35 | 36 |

| 37 | 38 | 39 | 40 | 41 | 42 |

| 43 | 44 | 45 | 46 | 47 | 48 |

| 49 | 50 | 51 | 52 | 53 | 54 |

정답 ▶ 86쪽

✏️ 나만의 3단 케이크를 만들었어요.
케이크를 잘 보고 빈칸에 알맞은 수를 쓰세요.

케이크	식
3	3 × ☐ = 3
3+3	3 × ☐ = 6
3+3+3	3 × ☐ = 9
3+3+3+3	3 × ☐ = 12
3+3+3+3+3	3 × ☐ = 15
3+3+3+3+3+3	3 × ☐ = 18
3+3+3+3+3+3+3	3 × ☐ = 21
3+3+3+3+3+3+3+3	3 × ☐ = 24
3+3+3+3+3+3+3+3+3	3 × ☐ = 27

+3
+3
+3
+3
+3
+3
+3
+3

🔍 **잠깐!** 3 × 4 = 12 가 기억나지 않을 때는 어떻게 하지?

3×3 = 9 에 3을 더하는 방법이 있고,
3×5 = 15 에서 3을 빼는 방법이 있어.

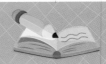

4단계 읽고 써 보기

✏️ 3단을 바르게 읽고 빈칸에 알맞은 말을 쓰세요.

3단	읽기	의미
3 × 1 = 3	삼 일은 삼	3이 1 묶음
3 × 2 = 6	삼 이 ☐	3이 2 묶음
3 × 3 = 9	삼 ☐ 은 구	3이 ☐ 묶음
3 × 4 = 12	삼 사 ☐	3이 ☐ 묶음
3 × 5 = 15	삼 ☐ 십오	3이 5 묶음
3 × 6 = 18	삼 육 십팔	3이 6 묶음
3 × 7 = 21	삼 칠 ☐	3이 ☐ 묶음
3 × 8 = 24	삼 ☐ 이십사	3이 8 묶음
3 × 9 = 27	삼 ☐ ☐	3이 ☐ 묶음

달인에 도전하기 ❶

정답 ▶ 87쪽

✏️ 다음 빈칸에 알맞은 수를 쓰세요.

| 초보 | ▶▶▶ | 보통 | ▶▶▶ | 고수 |

3 × 1 = ☐

3 × 2 = ☐

3 × 3 = ☐

3 × 4 = ☐

3 × 5 = ☐

3 × 6 = ☐

3 × 7 = ☐

3 × 8 = ☐

3 × 9 = ☐

3 × 9 = ☐

3 × 8 = ☐

3 × 7 = ☐

3 × 6 = ☐

3 × 5 = ☐

3 × 4 = ☐

3 × 3 = ☐

3 × 2 = ☐

3 × 1 = ☐

3 × 8 = ☐

3 × 4 = ☐

3 × 3 = ☐

3 × 7 = ☐

3 × 2 = ☐

3 × 1 = ☐

3 × 6 = ☐

3 × 5 = ☐

3 × 9 = ☐

초보부터 달인까지, 한 단계씩
차근차근 도전해 볼까요? 좌절 금지!

3단 ● **35**

✏️ 다음 빈칸에 알맞은 수를 쓰세요.

▶▶▶ 달인

3 × 5 = ☐   3 × 6 = ☐

3 × ☐ = 21   3 × ☐ = 9

3 × 2 = ☐   3 × 4 = ☐

3 × 8 = ☐   3 × 9 = ☐

3 × 3 = ☐   3 × ☐ = 6

3 × ☐ = 12   3 × ☐ = 3

3 × ☐ = 18   ☐ × 7 = 21

3 × 1 = ☐   3 × ☐ = 15

3 × ☐ = 27   3 × ☐ = 24

✏️ 출시 기념 행사 기간을 맞히면 아이스크림을
무료로 맛볼 수 있다고 해요. 3단의 도움으로 해결해 볼까요?

○○아이스크림 출시!

50% 특별 할인 진행중

기간 가 월 라 일 – 가 월 자 일

1 3단을 외우며 가 ~ 자 에 맞는 수를 채워 보세요.

×	1	2	3	4	5	6	7	8	9
3	3								
	가	나	다	라	마	바	사	아	자

2 **1** 을 보고 행사 기간을 찾아 보세요.

가	라	자

3단 단짝 친구 를 소개합니다

3단에게는 정말 친한 단짝 친구들이 있어요.

그 주인공은 바로 6단과 9단이에요.

3단, 6단, 9단은 모두 3의 배수로 이루어져 있기 때문에

바로 옆에 붙어 있진 않지만 서로 굉장히 친한 친구들이에요.

예시 1 3 × 4=12를 들여다보면 6 × 2=12와 같아요.

3 × 4=12

6 × 2=12

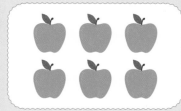

예시 2 　3×6, 6×3, 9×2는 그 결과가 모두 같아요.

3×6=18

6×3=18

9×2=18

6단 곱셈구구를 알아볼까요?

1단계 환상의 맛, 소시지 꼬치

여행을 갔다가 집으로 돌아오는 길에
출출해진 우리 가족은 고속도로 휴게소에 들렀어.
휴게소에 파는 음식 중 우리 가족이 가장 사랑하는 간식은
바로 소시지 꼬치!
우리 가족은 각자 꼬치 하나씩 먹었어.
먹는 속도는 내가 1등이지!

✏️ 소시지 꼬치 하나에 소시지가 6개 있어요. 소시지는 모두 몇 개인지 세어 볼까요?

1 소시지 꼬치 1개

소시지 6개

6개 × 1개 = 6개

2 소시지 꼬치 2개

6+ ☐

6 × 2 = ☐

3 소시지 꼬치 3개

6+6+6

6 × ☐ = 18

4 소시지 꼬치 4개

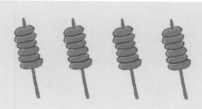

6+6+6+ ☐

6 × ☐ = ☐

소시지는 한 꼬치당 ☐ 개씩 있으니까

꼬치 4개에 있는 소시지는 모두 ☐ 개예요.

✏️ 고속도로 휴게소에서는 맛있는 핫도그와 만두도 팔아요.

6의 배수마다 핫도그 대신 만두를 먹을 수 있도록 스티커를 붙여 주세요.

🌭 위에 스티커를 붙여 🥟 를 만들 수 있어요!

1	2	3	4	5	6
7	8	9	10	11	12
13	14	15	16	17	18
19	20	21	22	23	24
25	26	27	28	29	30
31	32	33	34	35	36
37	38	39	40	41	42
43	44	45	46	47	48
49	50	51	52	53	54

3단계 ## 새콤달콤 케이크 완성하기

정답 ▶ 88쪽

✏️ 나만의 6단 케이크를 만들었어요.
케이크를 잘 보고 빈칸에 알맞은 수를 쓰세요.

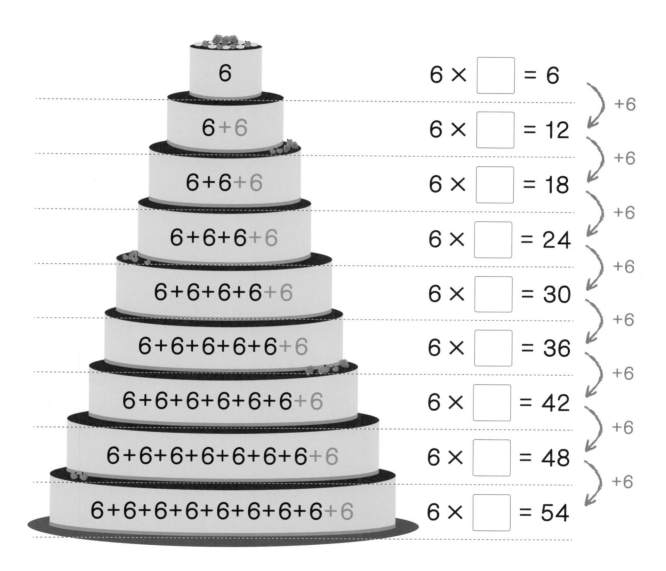

6 × ☐ = 6

6 × ☐ = 12 +6

6 × ☐ = 18 +6

6 × ☐ = 24 +6

6 × ☐ = 30 +6

6 × ☐ = 36 +6

6 × ☐ = 42 +6

6 × ☐ = 48 +6

6 × ☐ = 54 +6

🔍 **잠깐!** 6×8=48이 기억나지 않을 때는 어떻게 하지?

6×7 = 42 에 6을 더하는 방법이 있고,
6×9 = 54 에서 6을 빼는 방법이 있어.

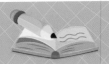

4단계 읽고 써 보기

✏️ 6단을 바르게 읽고 빈칸에 알맞은 말을 쓰세요.

6단	읽기	의미
6 × 1 = 6	육 일은 육	6이 1 묶음
6 × 2 = 12	육 이 ☐	6이 2 묶음
6 × 3 = 18	육 삼 십팔	6이 ☐ 묶음
6 × 4 = 24	육 사 ☐	6이 ☐ 묶음
6 × 5 = 30	육 ☐ 삼십	6이 5 묶음
6 × 6 = 36	육 육 ☐	6이 6 묶음
6 × 7 = 42	육 칠 ☐	6이 ☐ 묶음
6 × 8 = 48	육 팔 사십팔	6이 8 묶음
6 × 9 = 54	육 ☐ ☐	6이 ☐ 묶음

✏️ 다음 빈칸에 알맞은 수를 쓰세요.

초보	▶▶▶	보통	▶▶▶	고수

6 × 1 =　　　　6 × 9 =　　　　6 × 6 =

6 × 2 =　　　　6 × 8 =　　　　6 × 8 =

6 × 3 =　　　　6 × 7 =　　　　6 × 3 =

6 × 4 =　　　　6 × 6 =　　　　6 × 7 =

6 × 5 =　　　　6 × 5 =　　　　6 × 2 =

6 × 6 =　　　　6 × 4 =　　　　6 × 1 =

6 × 7 =　　　　6 × 3 =　　　　6 × 4 =

6 × 8 =　　　　6 × 2 =　　　　6 × 5 =

6 × 9 =　　　　6 × 1 =　　　　6 × 9 =

초보부터 달인까지, 한 단계씩
차근차근 도전해 볼까요? 좌절 금지!

✏️ 다음 빈칸에 알맞은 수를 쓰세요.

▶▶▶ **달인**

6 × 5 = ☐

6 × ☐ = 42

6 × 2 = ☐

6 × ☐ = 48

6 × 3 = ☐

6 × 1 = ☐

6 × ☐ = 36

6 × ☐ = 24

6 × ☐ = 54

6 × 6 = ☐

6 × ☐ = 6

6 × 4 = ☐

6 × 9 = ☐

6 × ☐ = 12

6 × ☐ = 18

☐ × 7 = 42

6 × ☐ = 30

6 × 8 = ☐

6단계 비밀번호를 찾아라

정답 ▶ 89쪽

🖊 소시지 꼬치를 주문하고 번호표를 받았는데, 잃어버렸어요.
6단을 이용해 나와 누나의 주문 번호를 찾아 보세요.

1 6단을 외우며 가~자에 맞는 수를 채워 보세요.

×	1	2	3	4	5	6	7	8	9
6	6								
	가	나	다	라	마	바	사	아	자

2 **1**을 보고 내 주문 번호를 찾아 보세요.

	가	라	바	아

3 **1**을 보고 누나의 주문 번호를 찾아 보세요.

	나	다	마	사	자

주문번호를 알아냈나요?

1 단계 귀염둥이의 돌잔치

오늘은 우리 귀염둥이 사촌 동생 푸름이의 돌잔치 날이야.
가까운 가족끼리 모여 맛있는 식사를 하기로 해서
즐거운 마음으로 초대받은 곳으로 갔지.
식당에는 4명씩 앉을 수 있는 테이블이 마련되어 있어서
우리 가족도 그중 한 곳에 앉았어.
곧 잔치가 시작할 것 같아!

✏️ 테이블 하나에는 4명이 모여 앉을 수 있어요. 모두 몇 명인지 세어 볼까요?

1 테이블 1개

          앉은 사람 4명 | 4명 × 1개 = 4명

2 테이블 2개

           $4 +$ ☐ | $4 \times 2 =$ ☐

3 테이블 3개

   $4 + 4 + 4$ | $4 \times$ ☐ $= 12$

4 테이블 4개

 $4 + 4 + 4 +$ ☐ | $4 \times$ ☐ $=$ ☐

테이블 1개당 ☐ 명씩 앉을 수 있으니까

테이블 4개에 앉을 수 있는 사람은 모두 ☐ 명이에요.

2단계 퐁당퐁당 띄어 세기

✏️ 돌잔치에서 이모, 삼촌이 용돈으로 주신 천 원짜리와 오천 원 짜리 지폐예요.
4의 배수마다 오천 원짜리 지폐가 되도록 스티커를 붙여 주세요.

위에 스티커를 붙여 를 만들 수 있어요!

1	2	3	4	5	6
7	8	9	10	11	12
13	14	15	16	17	18
19	20	21	22	23	24
25	26	27	28	29	30
31	32	33	34	35	36
37	38	39	40	41	42
43	44	45	46	47	48
49	50	51	52	53	54

정답 ▶ 90쪽

✏️ 나만의 4단 케이크를 만들었어요.
케이크를 잘 보고 빈칸에 알맞은 수를 쓰세요.

케이크	식	
4	$4 \times \boxed{} = 4$	+4
4+4	$4 \times \boxed{} = 8$	+4
4+4+4	$4 \times \boxed{} = 12$	+4
4+4+4+4	$4 \times \boxed{} = 16$	+4
4+4+4+4+4	$4 \times \boxed{} = 20$	+4
4+4+4+4+4+4	$4 \times \boxed{} = 24$	+4
4+4+4+4+4+4+4	$4 \times \boxed{} = 28$	+4
4+4+4+4+4+4+4+4	$4 \times \boxed{} = 32$	+4
4+4+4+4+4+4+4+4+4	$4 \times \boxed{} = 36$	

🔍 **잠깐!** $4 \times 6 = 24$ 가 기억나지 않을 때는 어떻게 하지?

$4 \times 5 = 20$ 에 **4**를 더하는 방법이 있고,
$4 \times 7 = 28$ 에서 **4**를 빼는 방법이 있어.

✏️ 4단을 바르게 읽고 빈칸에 알맞은 말을 쓰세요.

4단	읽기	의미
4 × 1 = 4	사 일은 사	4 가 1 묶음
4 × 2 = 8	사 ☐ 팔	4 가 2 묶음
4 × 3 = 12	사 삼 ☐	4 가 ☐ 묶음
4 × 4 = 16	사 사 ☐	4 가 ☐ 묶음
4 × 5 = 20	사 오 이십	4 가 5 묶음
4 × 6 = 24	사 육 ☐	4 가 6 묶음
4 × 7 = 28	사 칠 이십팔	4 가 ☐ 묶음
4 × 8 = 32	사 ☐ 삼십이	4 가 8 묶음
4 × 9 = 36	사 ☐ ☐	4 가 ☐ 묶음

정답 ▶ 91쪽

✏️ 다음 빈칸에 알맞은 수를 쓰세요.

초보	▶▶▶	보통	▶▶▶	고수

초보

4 × 1 =

4 × 2 =

4 × 3 =

4 × 4 =

4 × 5 =

4 × 6 =

4 × 7 =

4 × 8 =

4 × 9 =

보통

4 × 9 =

4 × 8 =

4 × 7 =

4 × 6 =

4 × 5 =

4 × 4 =

4 × 3 =

4 × 2 =

4 × 1 =

고수

4 × 4 =

4 × 8 =

4 × 3 =

4 × 7 =

4 × 2 =

4 × 1 =

4 × 6 =

4 × 5 =

4 × 9 =

초보부터 달인까지, 한 단계씩
차근차근 도전해 볼까요? 좌절 금지!

✏️ 다음 빈칸에 알맞은 수를 쓰세요.

▶▶▶ 달인

$4 \times 5 = \boxed{}$ $4 \times 6 = \boxed{}$

$4 \times \boxed{} = 28$ $4 \times \boxed{} = 12$

$4 \times 2 = \boxed{}$ $4 \times 1 = \boxed{}$

$4 \times \boxed{} = 32$ $4 \times 9 = \boxed{}$

$4 \times 3 = \boxed{}$ $4 \times \boxed{} = 8$

$4 \times \boxed{} = 4$ $4 \times 4 = \boxed{}$

$4 \times \boxed{} = 24$ $\boxed{} \times 7 = 28$

$4 \times \boxed{} = 16$ $4 \times \boxed{} = 20$

$4 \times \boxed{} = 36$ $4 \times \boxed{} = 32$

정답 ▶ 91쪽

✏️ 용돈을 저금할 통장을 만들기 위해 은행에 갔어요.
4단을 이용하여 나와 누나의 통장 비밀번호를 맞혀 보세요.

1 4단을 외우며 **가**~**자**에 맞는 수를 채워 보세요.

×	1	2	3	4	5	6	7	8	9
4	4								
	가	나	다	라	마	바	사	아	자

2 **1**을 보고 내 통장 비밀번호를 찾아 보세요.

	나	라	바	자

3 **1**을 보고 누나의 통장 비밀번호를 찾아 보세요.

	가	다	마	사

1단계 맛있는 쿠키를 드립니다

우리 엄마는 쿠키를 정말 잘 구우셔.

제과점에서 파는 쿠키보다 훨씬 더 맛있지!

오늘은 엄마가 쿠키 실력을 발휘하는 날이야.

오늘 구운 쿠키는 이웃 분들께 나눠드리기로 했어.

잘 구워진 쿠키를 상자에 예쁘게 담아 포장하는 것은 내 담당이지!

자, 시작해 볼까?

✏️ 상자 한 개에는 8개의 쿠키가 들어 있어요. 쿠키가 모두 몇 개인지 세어 볼까요?

1 쿠키 상자 1개

 쿠키 8개   8개 × 1개 = 8개

2 쿠키 상자 2개

 8+ ☐   8 × 2 = ☐

3 쿠키 상자 3개

 8+8+8   8 × ☐ = 24

4 쿠키 상자 4개

 8+8+8+ ☐   8 × ☐ = ☐

쿠키 상자 한 개당 쿠키 ☐ 개씩 담았으니까

쿠키 상자 4개에 들어 있는 쿠키는 모두 ☐ 개예요.

✏️ 쿠키를 상자에 담아 포장할 때 예쁜 리본으로 묶어 줄 거예요.
8의 배수마다 빨강 리본이 묶이도록 스티커를 붙여 주세요.

> 위에 스티커를 붙여 🎁 을 만들 수 있어요!

1	2	3	4	5	6	7
8	9	10	11	12	13	14
15	16	17	18	19	20	21
22	23	24	25	26	27	28
29	30	31	32	33	34	35
36	37	38	39	40	41	42
43	44	45	46	47	48	49
50	51	52	53	54	55	56
57	58	59	60	61	62	63
64	65	66	67	68	69	70
71	72	73	74	75	76	77

정답 ▶ 92쪽

✎ 나만의 8단 케이크를 만들었어요.
케이크를 잘 보고 빈칸에 알맞은 수를 쓰세요.

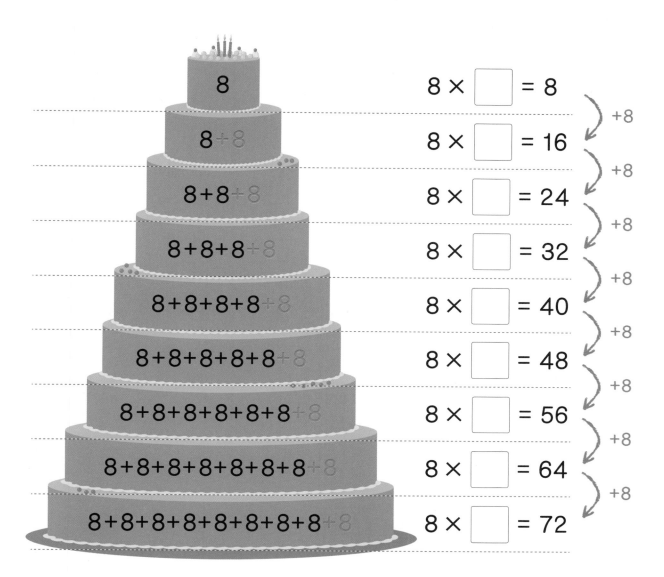

8       $8 \times \boxed{} = 8$

8+8 $8 \times \boxed{} = 16$ +8

8+8+8 $8 \times \boxed{} = 24$ +8

8+8+8+8 $8 \times \boxed{} = 32$ +8

8+8+8+8+8 $8 \times \boxed{} = 40$ +8

8+8+8+8+8+8 $8 \times \boxed{} = 48$ +8

8+8+8+8+8+8+8 $8 \times \boxed{} = 56$ +8

8+8+8+8+8+8+8+8 $8 \times \boxed{} = 64$ +8

8+8+8+8+8+8+8+8+8 $8 \times \boxed{} = 72$

 잠깐! $8 \times 5 = 40$ 이 기억나지 않을 때는 어떻게 하지?

$8 \times 4 = 32$ 에 8을 더하는 방법이 있고,
$8 \times 6 = 48$ 에서 8을 빼는 방법이 있어.

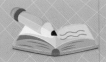

✏️ 8단을 바르게 읽고 빈칸에 알맞은 말을 쓰세요.

8단	읽기	의미
8 × 1 = 8	팔 일은 팔	8이 1 묶음
8 × 2 = 16	팔 ☐ 십육	8이 2 묶음
8 × 3 = 24	팔 삼 ☐	8이 ☐ 묶음
8 × 4 = 32	팔 사 삼십이	8이 ☐ 묶음
8 × 5 = 40	팔 오 ☐	8이 5 묶음
8 × 6 = 48	팔 ☐ 사십팔	8이 6 묶음
8 × 7 = 56	팔 칠 오십육	8이 ☐ 묶음
8 × 8 = 64	팔 팔 ☐	8이 8 묶음
8 × 9 = 72	팔 ☐ ☐	8이 ☐ 묶음

정답 ▶ 93쪽

✏️ 다음 빈칸에 알맞은 수를 쓰세요.

| 초보 | ▶▶▶ | 보통 | ▶▶▶ | 고수 |

초보	보통	고수
8 × 1 = ☐	8 × 9 = ☐	8 × 8 = ☐
8 × 2 = ☐	8 × 8 = ☐	8 × 4 = ☐
8 × 3 = ☐	8 × 7 = ☐	8 × 3 = ☐
8 × 4 = ☐	8 × 6 = ☐	8 × 7 = ☐
8 × 5 = ☐	8 × 5 = ☐	8 × 2 = ☐
8 × 6 = ☐	8 × 4 = ☐	8 × 1 = ☐
8 × 7 = ☐	8 × 3 = ☐	8 × 6 = ☐
8 × 8 = ☐	8 × 2 = ☐	8 × 5 = ☐
8 × 9 = ☐	8 × 1 = ☐	8 × 9 = ☐

초보부터 달인까지, 한 단계씩
차근차근 도전해 볼까요? 좌절 금지!

✏️ 다음 빈칸에 알맞은 수를 쓰세요.

▶▶▶ 　달인

8 × 5 = ☐	8 × 6 = ☐
8 × ☐ = 56	8 × ☐ = 24
8 × 2 = ☐	8 × 4 = ☐
8 × ☐ = 64	8 × 9 = ☐
8 × ☐ = 24	8 × ☐ = 16
8 × ☐ = 8	8 × 8 = ☐
8 × ☐ = 48	☐ × 7 = 56
8 × ☐ = 32	8 × ☐ = 40
8 × ☐ = 72	8 × 1 = ☐

정답 ▶ 93쪽

✏️ 우리 동네 친구 채은이와 희승이에게 쿠키를 주기 위해
아파트에 도착했어요. 8단을 이용해 공동 현관의 비밀번호를 찾아 볼까요?

1 8단을 외우며 **가** ~ **자** 에 맞는 수를 채워 보세요.

×	1	2	3	4	5	6	7	8	9
8	8								
	가	나	다	라	마	바	사	아	자

2 **1** 을 보고 채은이네 공동 현관 비밀번호를 찾아 보세요.

	가	라	바	아

3 **1** 을 보고 희승이네 공동 현관 비밀번호를 찾아 보세요.

	나	다	마	사	자

곱셈구구를 알아볼까요?

1 단계 스티커를 모으자

우리 엄마는 나와 누나가 열심히 공부한 날에는 스티커를 붙여 주셔.

스티커 7개면 스티커판 1장이 완성돼!

스티커판 4장이 완성되면 보고 싶은 영화를 볼 수 있어.

난 벌써 스티커판 4장을 다 완성했어!

무슨 영화를 볼까? 정말 기대돼!

✏️ 스티커판 1장에는 스티커 7개를 붙일 수 있어요. 스티커는 모두 몇 개인지 세어 볼까요?

1 스티커판 1장

 　　스티커 7개　　│　　7개 × 1장 = 7개

2 스티커판 2장

　　7+ ☐　　│　　7 × 2 = ☐

3 스티커판 3장

　　7+7+7　　│　　7 × ☐ = 21

4 스티커판 4장

　　7+7+7+ ☐　　│　　7 × ☐ = ☐

스티커판 1장당 스티커를 ☐ 개씩 붙일 수 있으니까

스티커판 4장에 붙일 수 있는 스티커는 모두 ☐ 개예요.

2단계 퐁당퐁당 띄어 세기

✏️ 스티커판에 알록달록 스마일 스티커를 붙여요.
7의 배수마다 분홍색 스마일 스티커를 붙여 주세요.

😊 위에 스티커를 붙여 😊 을 만들 수 있어요!

1 　　2 　　3 　　4 　　5 　　6 　　7

8 　　9 　　10 　　11 　　12 　　13 　　14

15 　　16 　　17 　　18 　　19 　　20 　　21

22 　　23 　　24 　　25 　　26 　　27 　　28

29 　　30 　　31 　　32 　　33 　　34 　　35

36 　　37 　　38 　　39 　　40 　　41 　　42

43 　　44 　　45 　　46 　　47 　　48 　　49

50 　　51 　　52 　　53 　　54 　　55 　　56

57 　　58 　　59 　　60 　　61 　　62 　　63

3단계 새콤달콤 케이크 완성하기

정답 ▶ 94쪽

나만의 7단 케이크를 만들었어요.
케이크를 잘 보고 빈칸에 알맞은 수를 쓰세요.

7

$7 \times \boxed{} = 7$

+7

7+7

$7 \times \boxed{} = 14$

+7

7+7+7

$7 \times \boxed{} = 21$

+7

7+7+7+7

$7 \times \boxed{} = 28$

+7

7+7+7+7+7

$7 \times \boxed{} = 35$

+7

7+7+7+7+7+7

$7 \times \boxed{} = 42$

+7

7+7+7+7+7+7+7

$7 \times \boxed{} = 49$

+7

7+7+7+7+7+7+7+7

$7 \times \boxed{} = 56$

+7

7+7+7+7+7+7+7+7+7

$7 \times \boxed{} = 63$

 잠깐! $7 \times 7 = 49$ 가 기억나지 않을 때는 어떻게 하지?

$7 \times 6 = 42$ 에 7을 더하는 방법이 있고,
$7 \times 8 = 56$ 에서 7을 빼는 방법이 있어.

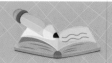

✏️ 7단을 바르게 읽고 빈칸에 알맞은 말을 쓰세요.

7단	읽기	의미
7 × 1 = 7	칠 일은 칠	7이 1 묶음
7 × 2 = 14	칠 ☐ 십사	7이 2 묶음
7 × 3 = 21	칠 삼 ☐	7이 ☐ 묶음
7 × 4 = 28	칠 사 이십팔	7이 ☐ 묶음
7 × 5 = 35	칠 ☐ 삼십오	7이 5 묶음
7 × 6 = 42	칠 육 ☐	7이 6 묶음
7 × 7 = 49	칠 칠 사십구	7이 ☐ 묶음
7 × 8 = 56	칠 ☐ 오십육	7이 8 묶음
7 × 9 = 63	칠 ☐ ☐	7이 ☐ 묶음

정답 ▶ 95쪽

다음 빈칸에 알맞은 수를 쓰세요.

초보 ▶▶▶ 보통 ▶▶▶ 고수

초보	보통	고수
7×1 =	7×9 =	7×8 =
7×2 =	7×8 =	7×4 =
7×3 =	7×7 =	7×3 =
7×4 =	7×6 =	7×7 =
7×5 =	7×5 =	7×2 =
7×6 =	7×4 =	7×1 =
7×7 =	7×3 =	7×6 =
7×8 =	7×2 =	7×5 =
7×9 =	7×1 =	7×9 =

초보부터 달인까지, 한 단계씩
차근차근 도전해 볼까요? 좌절 금지!

다음 빈칸에 알맞은 수를 쓰세요.

▶▶▶ 달인

$7 \times 5 = \boxed{}$ 　 $7 \times 6 = \boxed{}$

$7 \times \boxed{} = 49$ 　 $7 \times 3 = \boxed{}$

$7 \times 2 = \boxed{}$ 　 $7 \times \boxed{} = 28$

$7 \times \boxed{} = 56$ 　 $7 \times 1 = \boxed{}$

$7 \times \boxed{} = 21$ 　 $7 \times \boxed{} = 14$

$7 \times \boxed{} = 7$ 　 $7 \times 9 = \boxed{}$

$7 \times \boxed{} = 42$ 　 $\boxed{} \times 7 = 49$

$7 \times 4 = \boxed{}$ 　 $7 \times \boxed{} = 35$

$7 \times \boxed{} = 63$ 　 $7 \times 8 = \boxed{}$

6단계 비밀번호를 찾아라

정답 ▶ 95쪽

✏️ 누나와 함께 방 탈출 게임을 하고 있어요.
탈출하기 위해 7단을 이용하여 비밀번호를 찾아 볼까요?

1 7단을 외우며 가~자에 맞는 수를 채워 보세요.

×	1	2	3	4	5	6	7	8	9
7	7								
	가	나	다	라	마	바	사	아	자

2 **1**을 보고 첫 번째 방 자물쇠의 비밀번호를 찾아 보세요.

가	나	바	사

3 **1**을 보고 두 번째 방 자물쇠의 비밀번호를 찾아 보세요.

다	라	마	아	자

비밀번호를 알아냈나요?

1단계 나의 사랑 수박 젤리

내가 가장 좋아하는 간식은 수박 모양 젤리야.
손바닥보다 작은 봉지에 들어 있는데,
한 봉지에 수박 모양 젤리가 9개씩 들어 있어.
아빠는 내가 일주일 동안 약속한 대로 열심히 공부하면
수박 젤리 한 봉지씩 사 주겠다고 하셨어.
그래서 난 미션을 완수하며 젤리를 서랍에 모으고 있지!
한번 볼래?

✏️ 수박 젤리는 한 봉지에 9개가 들어 있어요. 젤리는 모두 몇 개인지 세어 볼까요?

1 수박 젤리 1봉지

젤리 9개   9개 ×1봉지 = 9개

2 수박 젤리 2봉지

9 + ☐   9 × 2 = ☐

3 수박 젤리 3봉지

9 + 9 + 9   9 × ☐ = 27

4 수박 젤리 4봉지

9 + 9 + 9 + ☐   9 × ☐ = ☐

수박 젤리 한 봉지에 젤리가 ☐ 개씩 들어 있으니까

수박 젤리 4봉지에 들어 있는 젤리는 모두 ☐ 개예요.

✏️ 나는 흰 우유보다 바나나 우유를 더 좋아해요.
9의 배수마다 바나나 우유가 되도록 스티커를 붙여 주세요.

위에 스티커를 붙여 🥛 를 만들 수 있어요!

1	2	3	4	5	6	7	8
9	10	11	12	13	14	15	16
17	18	19	20	21	22	23	24
25	26	27	28	29	30	31	32
33	34	35	36	37	38	39	40
41	42	43	44	45	46	47	48
49	50	51	52	53	54	55	56
57	58	59	60	61	62	63	64
65	66	67	68	69	70	71	72
73	74	75	76	77	78	79	80
81	82	83	84	85	86	87	88

정답 ▶ 96쪽

✏️ 나만의 9단 케이크를 만들었어요.
케이크를 잘 보고 빈칸에 알맞은 수를 쓰세요.

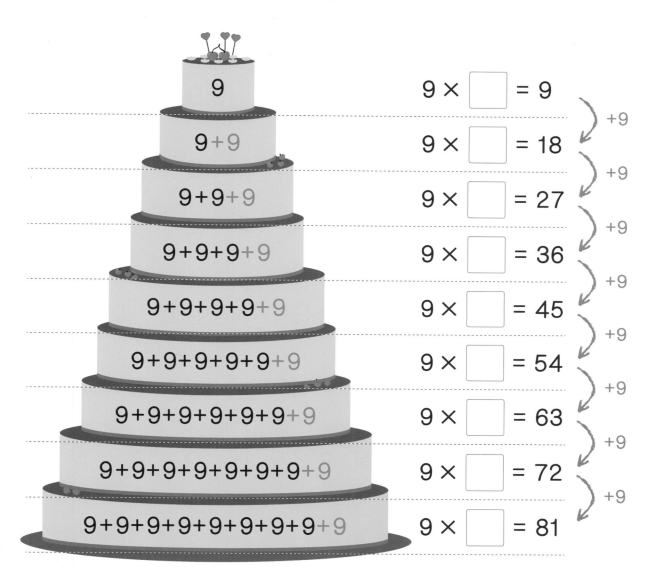

9

$9 \times \boxed{} = 9$

9+9

$9 \times \boxed{} = 18$ +9

9+9+9

$9 \times \boxed{} = 27$ +9

9+9+9+9

$9 \times \boxed{} = 36$ +9

9+9+9+9+9

$9 \times \boxed{} = 45$ +9

9+9+9+9+9+9

$9 \times \boxed{} = 54$ +9

9+9+9+9+9+9+9

$9 \times \boxed{} = 63$ +9

9+9+9+9+9+9+9+9

$9 \times \boxed{} = 72$ +9

9+9+9+9+9+9+9+9+9

$9 \times \boxed{} = 81$

🔍 **잠깐!** $9 \times 4 = 36$ 이 기억나지 않을 때는 어떻게 하지?

$9 \times 3 = 27$ 에 9를 더하는 방법이 있고,
$9 \times 5 = 45$ 에서 9를 빼는 방법이 있어.

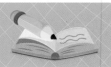

✏️ 9단을 바르게 읽고 빈칸에 알맞은 말을 쓰세요.

9단	읽기	의미
9 × 1 = 9	구 일은 구	9가 1 묶음
9 × 2 = 18	구 이 ☐	9가 2 묶음
9 × 3 = 27	구 삼 ☐	9가 ☐ 묶음
9 × 4 = 36	구 사 삼십육	9가 ☐ 묶음
9 × 5 = 45	구 ☐ 사십오	9가 5 묶음
9 × 6 = 54	구 육 오십사	9가 6 묶음
9 × 7 = 63	구 칠 ☐	9가 ☐ 묶음
9 × 8 = 72	구 ☐ 칠십이	9가 8 묶음
9 × 9 = 81	구 ☐ ☐	9가 ☐ 묶음

달인에 도전하기 ❶

정답 ▶ 97쪽

✏️ 다음 빈칸에 알맞은 수를 쓰세요.

| 초보 | ▶▶▶ | 보통 | ▶▶▶ | 고수 |

9 × 1 = [   ]   9 × 9 = [   ]   9 × 8 = [   ]

9 × 2 = [   ]   9 × 8 = [   ]   9 × 4 = [   ]

9 × 3 = [   ]   9 × 7 = [   ]   9 × 3 = [   ]

9 × 4 = [   ]   9 × 6 = [   ]   9 × 7 = [   ]

9 × 5 = [   ]   9 × 5 = [   ]   9 × 2 = [   ]

9 × 6 = [   ]   9 × 4 = [   ]   9 × 1 = [   ]

9 × 7 = [   ]   9 × 3 = [   ]   9 × 6 = [   ]

9 × 8 = [   ]   9 × 2 = [   ]   9 × 5 = [   ]

9 × 9 = [   ]   9 × 1 = [   ]   9 × 9 = [   ]

초보부터 달인까지, 한 단계씩
차근차근 도전해 볼까요? 좌절 금지!

5단계 달인에 도전하기 ❷

✏️ 다음 빈칸에 알맞은 수를 쓰세요.

▶▶▶ 달인

$9 \times 5 = \boxed{}$ 　 $9 \times 6 = \boxed{}$

$9 \times \boxed{} = 63$ 　 $9 \times \boxed{} = 27$

$9 \times 2 = \boxed{}$ 　 $9 \times 4 = \boxed{}$

$9 \times \boxed{} = 72$ 　 $9 \times 1 = \boxed{}$

$9 \times 3 = \boxed{}$ 　 $9 \times \boxed{} = 18$

$9 \times \boxed{} = 9$ 　 $9 \times 9 = \boxed{}$

$9 \times \boxed{} = 54$ 　 $\boxed{} \times 7 = 63$

$9 \times \boxed{} = 36$ 　 $9 \times \boxed{} = 45$

$9 \times \boxed{} = 81$ 　 $9 \times 8 = \boxed{}$

6단계 비밀번호를 찾아라

✏️ 나는 수박 젤리를 자물쇠로 잠긴 서랍에 넣어 두는데,
비밀번호를 푸는 친구에게 젤리를 선물로 줄 거예요.
9단을 이용하여 비밀번호를 풀어 볼까요?

1 9단을 외우며 **가** ~ **자** 에 맞는 수를 채워 보세요.

×	1	2	3	4	5	6	7	8	9
9	9								
	가	나	다	라	마	바	사	아	자

2 **1** 을 보고 왼쪽 서랍의 비밀번호를 찾아 보세요.

가	다	사	아

3 **1** 을 보고 오른쪽 서랍의 비밀번호를 찾아 보세요.

나	라	마	바	자

비밀번호를 알아냈나요?

9단 ● **79**

부록

정답

2단 12-13쪽

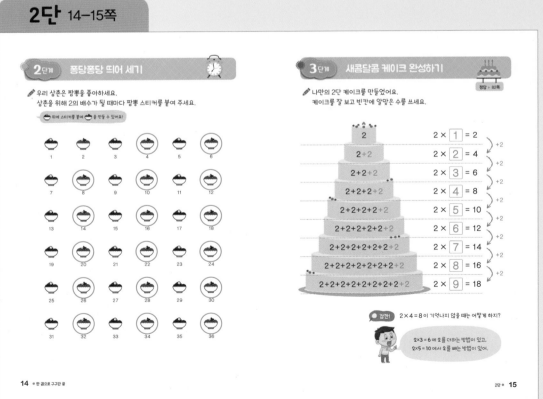

2단 14-15쪽

2단 16–17쪽

4단계 읽고 써 보기

2단을 바르게 읽고 빈칸에 알맞은 말을 쓰세요.

2단	읽기	의미
2×1=2	이 일은 이	2 가 1 묶음
2×2=4	이 이는 사	2 가 2 묶음
2×3=6	이 삼은 육	2 가 3 묶음
2×4=8	이 사 팔	2 가 4 묶음
2×5=10	이 오 십	2 가 5 묶음
2×6=12	이 육 십이	2 가 6 묶음
2×7=14	이 칠 십사	2 가 7 묶음
2×8=16	이 팔 십육	2 가 8 묶음
2×9=18	이 구 십팔	2 가 9 묶음

5단계 달인에 도전하기 ❶

정답 ▶ 83쪽

다음 빈칸에 알맞은 수를 쓰세요.

초보 ▶▶▶ 보통 ▶▶▶ 고수

2×1 = 2	2×9 = 18	2×6 = 12
2×2 = 4	2×8 = 16	2×4 = 8
2×3 = 6	2×7 = 14	2×3 = 6
2×4 = 8	2×6 = 12	2×8 = 16
2×5 = 10	2×5 = 10	2×2 = 4
2×6 = 12	2×4 = 8	2×5 = 10
2×7 = 14	2×3 = 6	2×1 = 2
2×8 = 16	2×2 = 4	2×9 = 18
2×9 = 18	2×1 = 2	2×7 = 14

초보부터 달인까지, 한 단계씩 차근차근 도전해 볼까요? 차칠 금지!

2단 18–19쪽

5단계 달인에 도전하기 ❷

다음 빈칸에 알맞은 수를 쓰세요.

▶▶▶ 달인

2 × 2 = 4	2 × 6 = 12
2 × 7 = 14	2 × 4 = 8
2 × 5 = 10	2 × 3 = 6
2 × 8 = 16	2 × 9 = 18
2 × 3 = 6	2 × 2 = 4
2 × 1 = 2	2 × 5 = 10
2 × 6 = 12	2 × 7 = 14
2 × 4 = 8	2 × 1 = 2
2 × 9 = 18	2 × 8 = 16

6단계 비밀번호를 찾아라

정답 ▶ 83쪽

오늘은 집에서 짜장면을 주문해 먹으려고 해요.
짜장면값을 결제하기 위해 아빠가 깜빡 잊어버리신 카드 결제 비밀번호를 함께 찾아 볼까요?

1 2단을 외우며 ㉮~㉲에 맞는 수를 채워 보세요.

×	1	2	3	4	5	6	7	8	9
2	2	4	6	8	10	12	14	16	18
	㉮	㉯	㉰	㉱	㉲	㉳	㉴	㉵	㉶

2 **1**을 보고 아빠 카드의 1단계 비밀번호를 찾아 보세요.

㉮	㉱	㉳	㉵
2	8	12	16

3 **1**을 보고 아빠 카드의 2단계 비밀번호를 찾아 보세요.

㉯	㉰	㉲	㉴	㉶
4	6	10	14	18

비밀번호를 알아냈나요?

5단

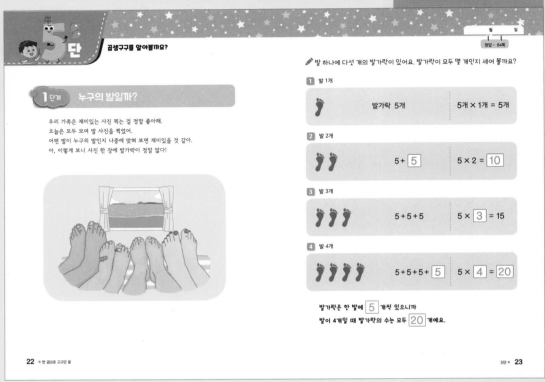

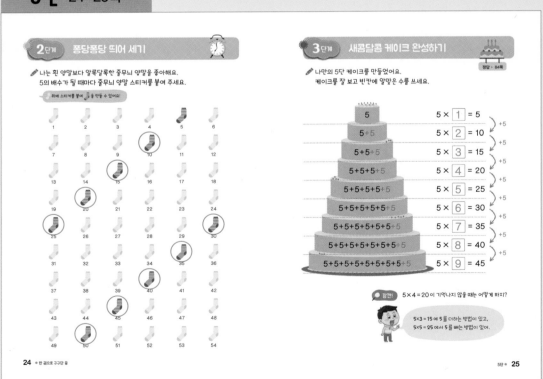

5단 26-27쪽

4단계 읽고 써 보기

5단을 바르게 읽고 빈칸에 알맞은 말을 쓰세요.

5단	읽기	의미
5×1=5	오 일은 오	5가 1 묶음
5×2=10	오 이 십	5가 2 묶음
5×3=15	오 삼 십오	5가 3 묶음
5×4=20	오 사 이십	5가 4 묶음
5×5=25	오 오 이십오	5가 5 묶음
5×6=30	오 육 삼십	5가 6 묶음
5×7=35	오 칠 삼십오	5가 7 묶음
5×8=40	오 팔 사십	5가 8 묶음
5×9=45	오 구 사십오	5가 9 묶음

26 ● 한 권으로 구구단 끝

5단계 달인에 도전하기 ❶

정답 ● 85쪽

다음 빈칸에 알맞은 수를 쓰세요.

초보 ▶▶▶	보통 ▶▶▶	고수
5×1 = 5	5×9 = 45	5×6 = 30
5×2 = 10	5×8 = 40	5×4 = 20
5×3 = 15	5×7 = 35	5×3 = 15
5×4 = 20	5×6 = 30	5×8 = 40
5×5 = 25	5×5 = 25	5×2 = 10
5×6 = 30	5×4 = 20	5×5 = 25
5×7 = 35	5×3 = 15	5×7 = 35
5×8 = 40	5×2 = 10	5×9 = 45
5×9 = 45	5×1 = 5	5×1 = 5

초보부터 달인까지, 한 단계씩
차근차근 도전해 볼까요? 화절 금지!

5단 ● 27

5단 28-29쪽

5단계 달인에 도전하기 ❷

다음 빈칸에 알맞은 수를 쓰세요.

▶▶▶ 달인

5 × 2 = 10	5 × 6 = 30
5 × 1 = 5	5 × 4 = 20
5 × 5 = 25	5 × 3 = 15
5 × 8 = 40	5 × 9 = 45
5 × 3 = 15	5 × 2 = 10
5 × 7 = 35	5 × 1 = 5
5 × 6 = 30	5 × 5 = 25
5 × 4 = 20	5 × 7 = 35
5 × 9 = 45	5 × 8 = 40

28 ● 한 권으로 구구단 끝

6단계 비밀번호를 찾아라

정답 ● 85쪽

우리 가족의 예쁜 발 사진을 사진 보관함에 자물쇠를 걸어
보관했어요. 5단을 이용하여 사진보관함의 자물쇠를 열어 볼까요?

❶ 5단을 외우며 ㉮~㉢에 맞는 수를 채워 보세요.

×	1	2	3	4	5	6	7	8	9
5	5	10	15	20	25	30	35	40	45
	㉮	㉯	㉰	㉱	㉲	㉳	㉴	㉵	㉶

❷ ❶을 보고 첫 번째 사진 보관함의 비밀번호를 찾아 보세요.

㉰	㉱	㉴	㉵
15	20	35	40

❸ ❶을 보고 두 번째 사진 보관함의 비밀번호를 찾아 보세요.

㉮	㉯	㉲	㉳	㉶
5	10	25	30	45

5단 ● 29

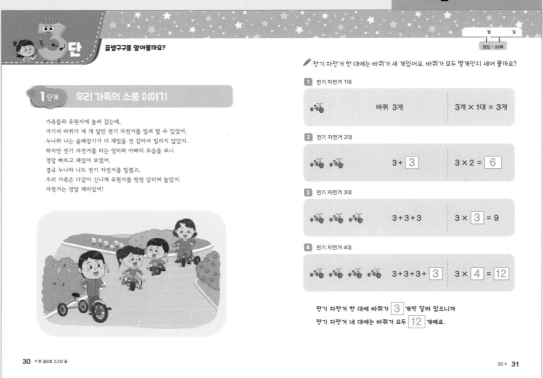

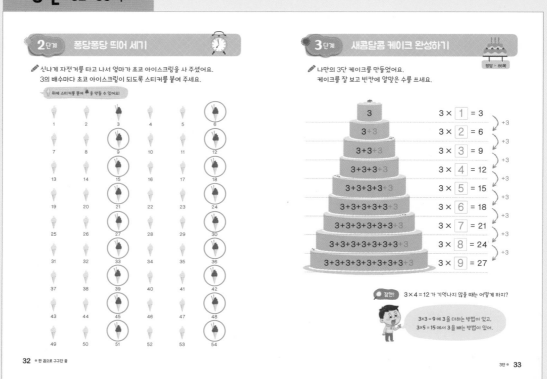

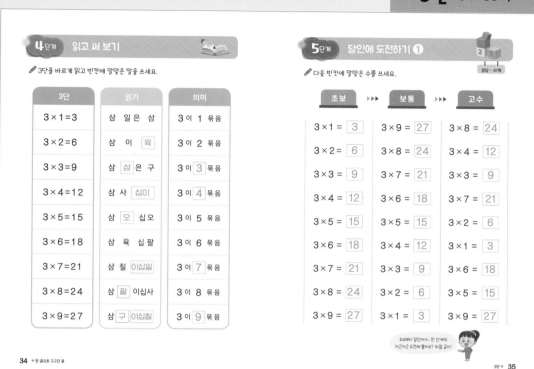

4단계 읽고 써 보기

3단을 바르게 읽고 빈칸에 알맞은 말을 쓰세요.

3단	읽기	의미
3 × 1 = 3	삼 일은 삼	3이 1 묶음
3 × 2 = 6	삼 이 육	3이 2 묶음
3 × 3 = 9	삼 삼은 구	3이 3 묶음
3 × 4 = 12	삼 사 십이	3이 4 묶음
3 × 5 = 15	삼 오 십오	3이 5 묶음
3 × 6 = 18	삼 육 십팔	3이 6 묶음
3 × 7 = 21	삼 칠 이십일	3이 7 묶음
3 × 8 = 24	삼 팔 이십사	3이 8 묶음
3 × 9 = 27	삼 구 이십칠	3이 9 묶음

5단계 달인에 도전하기 ❶

다음 빈칸에 알맞은 수를 쓰세요.

초보 ▶▶▶ 보통 ▶▶▶ 고수

3 × 1 = 3	3 × 9 = 27	3 × 8 = 24
3 × 2 = 6	3 × 8 = 24	3 × 4 = 12
3 × 3 = 9	3 × 7 = 21	3 × 3 = 9
3 × 4 = 12	3 × 6 = 18	3 × 7 = 21
3 × 5 = 15	3 × 5 = 15	3 × 2 = 6
3 × 6 = 18	3 × 4 = 12	3 × 1 = 3
3 × 7 = 21	3 × 3 = 9	3 × 6 = 18
3 × 8 = 24	3 × 2 = 6	3 × 5 = 15
3 × 9 = 27	3 × 1 = 3	3 × 9 = 27

5단계 달인에 도전하기 ❷

다음 빈칸에 알맞은 수를 쓰세요.

▶▶▶ 달인

3 × 5 = 15	3 × 6 = 18
3 × 7 = 21	3 × 3 = 9
3 × 2 = 6	3 × 4 = 12
3 × 8 = 24	3 × 9 = 27
3 × 3 = 9	3 × 2 = 6
3 × 4 = 12	3 × 1 = 3
3 × 6 = 18	3 × 7 = 21
3 × 1 = 3	3 × 5 = 15
3 × 9 = 27	3 × 8 = 24

6단계 비밀번호를 찾아라

1 3단을 외우며 ㉮~㉴에 맞는 수를 채워 보세요.

×	1	2	3	4	5	6	7	8	9
3	3	6	9	12	15	18	21	24	27
	㉮	㉯	㉰	㉱	㉲	㉳	㉴	㉵	㉶

2 1을 보고 행사 기간을 찾아 보세요.

㉮	㉱	㉶
3	12	27

6단

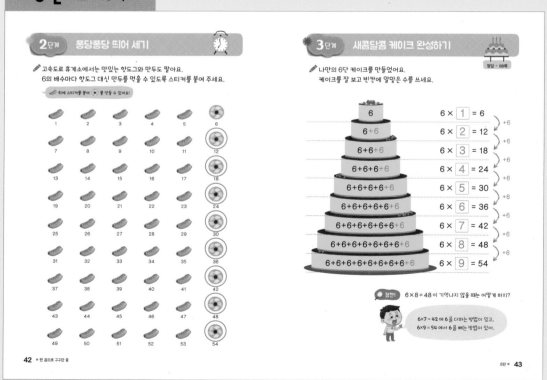

6단 44-45쪽

4단계 읽고 써 보기

6단을 바르게 읽고 빈칸에 알맞은 말을 쓰세요.

6단	읽기	의미
6 × 1 = 6	육 일은 육	6 이 1 묶음
6 × 2 = 12	육 이 십이	6 이 2 묶음
6 × 3 = 18	육 삼 십팔	6 이 3 묶음
6 × 4 = 24	육 사 이십사	6 이 4 묶음
6 × 5 = 30	육 오 삼십	6 이 5 묶음
6 × 6 = 36	육 육 삼십육	6 이 6 묶음
6 × 7 = 42	육 칠 사십이	6 이 7 묶음
6 × 8 = 48	육 팔 사십팔	6 이 8 묶음
6 × 9 = 54	육 구 오십사	6 이 9 묶음

5단계 달인에 도전하기 ❶

다음 빈칸에 알맞은 수를 쓰세요.

초보 ▶▶▶ 보통 ▶▶▶ 고수

6 × 1 = 6	6 × 9 = 54	6 × 6 = 36
6 × 2 = 12	6 × 8 = 48	6 × 8 = 48
6 × 3 = 18	6 × 7 = 42	6 × 3 = 18
6 × 4 = 24	6 × 6 = 36	6 × 7 = 42
6 × 5 = 30	6 × 5 = 30	6 × 2 = 12
6 × 6 = 36	6 × 4 = 24	6 × 1 = 6
6 × 7 = 42	6 × 3 = 18	6 × 4 = 24
6 × 8 = 48	6 × 2 = 12	6 × 5 = 30
6 × 9 = 54	6 × 1 = 6	6 × 9 = 54

초보부터 달인까지, 한 단계씩
차근차근 도전해 볼까요? 화절 금지!

6단 46-47쪽

5단계 달인에 도전하기 ❷

다음 빈칸에 알맞은 수를 쓰세요.

▶▶▶ 달인

6 × 5 = 30	6 × 6 = 36
6 × 7 = 42	6 × 1 = 6
6 × 2 = 12	6 × 4 = 24
6 × 8 = 48	6 × 9 = 54
6 × 3 = 18	6 × 2 = 12
6 × 1 = 6	6 × 3 = 18
6 × 6 = 36	6 × 7 = 42
6 × 4 = 24	6 × 5 = 30
6 × 9 = 54	6 × 8 = 48

6단계 비밀번호를 찾아라

소시지 꼬치를 주문하고 번호표를 받았는데, 잃어버렸어요.
6단을 이용해 나와 누나의 주문 번호를 찾아 보세요.

1 6단을 외우며 ㉮~㉲에 맞는 수를 채워 보세요.

×	1	2	3	4	5	6	7	8	9
6	6	12	18	24	30	36	42	48	54
	㉮	㉯	㉰	㉱	㉲	㉳	㉴	㉵	㉶

2 1을 보고 내 주문 번호를 찾아 보세요.

	㉮	㉱	㉳	㉵
	6	24	36	48

3 1을 보고 누나의 주문 번호를 찾아 보세요.

	㉯	㉰	㉲	㉴	㉶
	12	18	30	42	54

주문번호를 알아봤나요?

월 일
정답 • 90쪽

곱셈구구를 알아볼까요?

1단계 귀염둥이의 돌잔치

오늘은 우리 귀염둥이 사촌 동생 푸름이의 돌잔치 날이야.
가까운 가족끼리 모여 맛있는 식사를 하기로 해서
즐거운 마음으로 초대받은 곳으로 갔지.
식당에는 4명씩 앉을 수 있는 테이블이 마련되어 있어서
우리 가족도 그중 한 곳에 앉았어.
곧 잔치가 시작할 것 같아!

테이블 하나에는 4명이 모여 앉을 수 있어요. 모두 몇 명인지 세어 볼까요?

1 테이블 1개

앉은 사람 4명   4명 × 1개 = 4명

2 테이블 2개

4 + 4   4 × 2 = 8

3 테이블 3개

4 + 4 + 4   4 × 3 = 12

4 테이블 4개

4 + 4 + 4 + 4   4 × 4 = 16

테이블 1개당 4 명씩 앉을 수 있으니까
테이블 4개에 앉을 수 있는 사람은 모두 16 명이에요.

48 • 한 권으로 구구단 끝

4단 • 49

2단계 퐁당퐁당 뛰어 세기

돌잔치에서 이모, 삼촌이 용돈으로 주신 천 원짜리와 오천 원짜리 지폐예요.
4의 배수마다 오천 원짜리 지폐가 되도록 스티커를 붙여 주세요.

위에 스티커를 붙여 를 만들 수 있어요!

1 2 3 4 5 6
7 8 9 10 11 12
13 14 15 16 17 18
19 20 21 22 23 24
25 26 27 28 29 30
31 32 33 34 35 36
37 38 39 40 41 42
43 44 45 46 47 48
49 50 51 52 53 54

3단계 새콤달콤 케이크 완성하기

정답 • 90쪽

나만의 4단 케이크를 만들었어요.
케이크를 잘 보고 빈칸에 알맞은 수를 쓰세요.

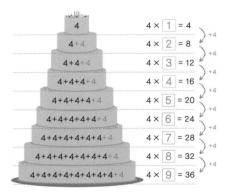

케이크	식	
4	4 × 1 = 4	+4
4 + 4	4 × 2 = 8	+4
4 + 4 + 4	4 × 3 = 12	+4
4 + 4 + 4 + 4	4 × 4 = 16	+4
4 + 4 + 4 + 4 + 4	4 × 5 = 20	+4
4 + 4 + 4 + 4 + 4 + 4	4 × 6 = 24	+4
4 + 4 + 4 + 4 + 4 + 4 + 4	4 × 7 = 28	+4
4 + 4 + 4 + 4 + 4 + 4 + 4 + 4	4 × 8 = 32	+4
4 + 4 + 4 + 4 + 4 + 4 + 4 + 4 + 4	4 × 9 = 36	

잠깐! 4 × 6 = 24 가 기억나지 않을 때는 어떻게 하지?

4 × 5 = 20 에 4 를 더하는 방법이 있고,
4 × 7 = 28 에서 4 를 빼는 방법이 있어.

50 • 한 권으로 구구단 끝

4단 • 51

4단 52–53쪽

4단계 읽고 써 보기

4단을 바르게 읽고 빈칸에 알맞은 말을 쓰세요.

4단	읽기	의미
4×1=4	사 일은 사	4가 1 묶음
4×2=8	사 [이] 팔	4가 2 묶음
4×3=12	사 삼 [십이]	4가 [3] 묶음
4×4=16	사 사 [십육]	4가 [4] 묶음
4×5=20	사 오 이십	4가 5 묶음
4×6=24	사 육 [이십사]	4가 6 묶음
4×7=28	사 칠 이십팔	4가 [7] 묶음
4×8=32	사 [팔] 삼십이	4가 8 묶음
4×9=36	사 [구] [삼십육]	4가 [9] 묶음

52 • 한 권으로 구구단 끝

5단계 달인에 도전하기 ❶

다음 빈칸에 알맞은 수를 쓰세요.

초보 ▶▶▶	보통 ▶▶▶	고수
4×1 = [4]	4×9 = [36]	4×4 = [16]
4×2 = [8]	4×8 = [32]	4×8 = [32]
4×3 = [12]	4×7 = [28]	4×3 = [12]
4×4 = [16]	4×6 = [24]	4×7 = [28]
4×5 = [20]	4×5 = [20]	4×2 = [8]
4×6 = [24]	4×4 = [16]	4×1 = [4]
4×7 = [28]	4×3 = [12]	4×6 = [24]
4×8 = [32]	4×2 = [8]	4×5 = [20]
4×9 = [36]	4×1 = [4]	4×9 = [36]

초보부터 달인까지, 한 단계씩
차근차근 도전해 볼까요? 화결 금지!

4단 • 53

4단 54–55쪽

5단계 달인에 도전하기 ❷

다음 빈칸에 알맞은 수를 쓰세요.

4 × 5 = [20]	4 × 6 = [24]
4 × [7] = 28	4 × [3] = 12
4 × 2 = [8]	4 × 1 = [4]
4 × [8] = 32	4 × 9 = [36]
4 × 3 = [12]	4 × [2] = 8
4 × [1] = 4	4 × 4 = [16]
4 × [6] = 24	4 × 7 = 28
4 × [4] = 16	4 × [5] = 20
4 × [9] = 36	4 × 8 = 32

54 • 한 권으로 구구단 끝

6단계 비밀번호를 찾아라

용돈을 저금할 통장을 만들기 위해 은행에 갔어요.
4단을 이용하여 나와 누나의 통장 비밀번호를 맞혀 보세요.

1 4단을 외우며 ㉮~㉺에 맞는 수를 채워 보세요.

×	1	2	3	4	5	6	7	8	9
4	4	8	12	16	20	24	28	32	36
	㉮	㉯	㉰	㉱	㉲	㉳	㉴	㉵	㉶

2 **1**을 보고 내 통장 비밀번호를 찾아 보세요.

	㉯	㉱	㉳	㉶
	8	16	24	36

3 **1**을 보고 누나의 통장 비밀번호를 찾아 보세요.

	㉮	㉰	㉲	㉴
	4	12	20	28

4단 • 55

8단 56-57쪽

8단

곱셈구구를 알아볼까요?

1단계 맛있는 쿠키를 드립니다

우리 엄마는 쿠키를 정말 잘 구우셔.
제과점에서 파는 쿠키보다 훨씬 더 맛있지!
오늘은 엄마가 쿠키 실력을 발휘하는 날이야.
오늘 구운 쿠키는 이웃 분들께 나눠드리기로 했어.
잘 구워진 쿠키를 상자에 예쁘게 담아 포장하는 것은 내 담당이지!
자, 시작해 볼까?

상자 한 개에는 8개의 쿠키가 들어 있어요. 쿠키가 모두 몇 개인지 세어 볼까요?

1 쿠키 상자 1개

쿠키 8개 8개 × 1개 = 8개

2 쿠키 상자 2개

8 + 8 8 × 2 = 16

3 쿠키 상자 3개

8 + 8 + 8 8 × 3 = 24

4 쿠키 상자 4개

8 + 8 + 8 + 8 8 × 4 = 32

쿠키 상자 한 개당 쿠키 8 개씩 담았으니까
쿠키 상자 4개에 들어 있는 쿠키는 모두 32 개예요.

56 ● 한 권으로 구구단 끝

8단 ● 57

8단 58-59쪽

2단계 퐁당퐁당 띄어 세기

쿠키를 상자에 담아 포장할 때 예쁜 리본으로 묶어 줄 거예요.
8의 배수마다 빨강 리본이 묶이도록 스티커를 붙여 주세요.

위에 스티커를 붙여 ____ 을 만들 수 있어요!

1 2 3 4 5 6 7
8 9 10 11 12 13 14
15 16 17 18 19 20 21
22 23 24 25 26 27 28
29 30 31 32 33 34 35
36 37 38 39 40 41 42
43 44 45 46 47 48 49
50 51 52 53 54 55 56
57 58 59 60 61 62 63
64 65 66 67 68 69 70
71 72 73 74 75 76 77

58 ● 한 권으로 구구단 끝

3단계 새콤달콤 케이크 완성하기

나만의 8단 케이크를 만들었어요.
케이크를 잘 보고 빈칸에 알맞은 수를 쓰세요.

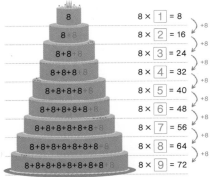

8 8 × 1 = 8 +8
8+8 8 × 2 = 16 +8
8+8+8 8 × 3 = 24 +8
8+8+8 8 × 4 = 32 +8
8+8+8+8 8 × 5 = 40 +8
8+8+8+8+8 8 × 6 = 48 +8
8+8+8+8+8+8 8 × 7 = 56 +8
8+8+8+8+8+8+8 8 × 8 = 64 +8
8+8+8+8+8+8+8+8 8 × 9 = 72

잠깐! 8 × 5 = 40 이 기억나지 않을 때는 어떻게 하지?

8 × 4 = 32 에 8 을 더하는 방법이 있고,
8 × 6 = 48 에서 8 을 빼는 방법이 있어.

8단 ● 59

8단 60-61쪽

4단계 읽고 써 보기

8단을 바르게 읽고 빈칸에 알맞은 말을 쓰세요.

8단	읽기	의미
8×1=8	팔 일은 팔	8이 1 묶음
8×2=16	팔 이 십육	8이 2 묶음
8×3=24	팔 삼 이십사	8이 3 묶음
8×4=32	팔 사 삼십이	8이 4 묶음
8×5=40	팔 오 사십	8이 5 묶음
8×6=48	팔 육 사십팔	8이 6 묶음
8×7=56	팔 칠 오십육	8이 7 묶음
8×8=64	팔 팔 육십사	8이 8 묶음
8×9=72	팔 구 칠십이	8이 9 묶음

5단계 달인에 도전하기 ❶

다음 빈칸에 알맞은 수를 쓰세요.

초보 ▶▶▶ 보통 ▶▶▶ 고수

8×1 = 8	8×9 = 72	8×8 = 64
8×2 = 16	8×8 = 64	8×4 = 32
8×3 = 24	8×7 = 56	8×3 = 24
8×4 = 32	8×6 = 48	8×7 = 56
8×5 = 40	8×5 = 40	8×2 = 16
8×6 = 48	8×4 = 32	8×1 = 8
8×7 = 56	8×3 = 24	8×6 = 48
8×8 = 64	8×2 = 16	8×5 = 40
8×9 = 72	8×1 = 8	8×9 = 72

초보부터 달인까지, 한 단계씩 차근차근 도전해 볼까요? 과절 금지!

8단 62-63쪽

5단계 달인에 도전하기 ❷

다음 빈칸에 알맞은 수를 쓰세요.

▶▶▶ 달인

8 × 5 = 40	8 × 6 = 48
8 × 7 = 56	8 × 3 = 24
8 × 2 = 16	8 × 4 = 32
8 × 8 = 64	8 × 9 = 72
8 × 3 = 24	8 × 2 = 16
8 × 1 = 8	8 × 8 = 64
8 × 6 = 48	8 × 7 = 56
8 × 4 = 32	8 × 5 = 40
8 × 9 = 72	8 × 1 = 8

6단계 비밀번호를 찾아라

우리 동네 친구 채은이와 희승이에게 쿠키를 주기 위해 아파트에 도착했어요. 8단을 이용해 공동 현관의 비밀번호를 찾아 볼까요?

1 8단을 외우며 ㉮~㉯에 맞는 수를 채워 보세요.

×	1	2	3	4	5	6	7	8	9
8	8	16	24	32	40	48	56	64	72
	㉮	㉯	㉰	㉱	㉲	㉳	㉴	㉵	㉯

2 **1**을 보고 채은이네 공동 현관 비밀번호를 찾아 보세요.

	㉮	㉱	㉳	㉵
	8	32	48	64

3 **1**을 보고 희승이네 공동 현관 비밀번호를 찾아 보세요.

	㉯	㉰	㉲	㉴	㉯
	16	24	40	56	72

7단

곰샘구구를 알아볼까요?

월 일
정답 ▶ 94쪽

1단계 스티커를 모으자

우리 엄마는 나와 누나가 열심히 공부한 날에는 스티커를 붙여 주셔.
스티커 7개면 스티커판 1장이 완성돼!
스티커판 4장이 완성되면 보고 싶은 영화를 볼 수 있어.
난 벌써 스티커판 4장을 다 완성했어!
무슨 영화를 볼까? 정말 기대돼!

✏️ 스티커판 1장에는 스티커 7개를 붙일 수 있어요. 스티커는 모두 몇 개인지 세어 붙일까요?

1️⃣ 스티커판 1장

스티커 7개 | 7개 × 1장 = 7개

2️⃣ 스티커판 2장

7 + 7 | 7 × 2 = 14

3️⃣ 스티커판 3장

7 + 7 + 7 | 7 × 3 = 21

4️⃣ 스티커판 4장

7 + 7 + 7 + 7 | 7 × 4 = 28

스티커판 1장당 스티커를 7 개씩 붙일 수 있으니까
스티커판 4장에 붙일 수 있는 스티커는 모두 28 개예요.

64 ● 한 권으로 구구단 끝

7단 ● 65

2단계 퐁당퐁당 뛰어 세기

✏️ 스티커판에 알록달록 스마일 스티커를 붙여요.
7의 배수마다 분홍색 스마일 스티커를 붙여 주세요.

위에 스티커를 붙여 ●을 만들 수 있어요

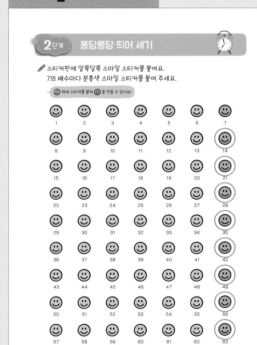

3단계 새콤달콤 케이크 완성하기

정답 ▶ 94쪽

✏️ 나만의 7단 케이크를 만들었어요.
케이크를 잘 보고 빈칸에 알맞은 수를 쓰세요.

7 | 7 × 1 = 7
7 + 7 | 7 × 2 = 14 ⟩ +7
7 + 7 + 7 | 7 × 3 = 21 ⟩ +7
7 + 7 + 7 + 7 | 7 × 4 = 28 ⟩ +7
7 + 7 + 7 + 7 + 7 | 7 × 5 = 35 ⟩ +7
7 + 7 + 7 + 7 + 7 + 7 | 7 × 6 = 42 ⟩ +7
7 + 7 + 7 + 7 + 7 + 7 + 7 | 7 × 7 = 49 ⟩ +7
7 + 7 + 7 + 7 + 7 + 7 + 7 + 7 | 7 × 8 = 56 ⟩ +7
7 + 7 + 7 + 7 + 7 + 7 + 7 + 7 + 7 | 7 × 9 = 63

잠깐! 7 × 7 = 49 가 기억나지 않을 때는 어떻게 하지?

7×6 = 42 에 7을 더하는 방법이 있고,
7×8 = 56 에서 7을 빼는 방법이 있어.

66 ● 한 권으로 구구단 끝

7단 ● 67

7단 68-69쪽

4단계 읽고 써 보기

✏️ 7단을 바르게 읽고 빈칸에 알맞은 말을 쓰세요.

7단	읽기	의미
7 × 1 = 7	칠 일은 칠	7 이 1 묶음
7 × 2 = 14	칠 이 십사	7 이 2 묶음
7 × 3 = 21	칠 삼 이십일	7 이 3 묶음
7 × 4 = 28	칠 사 이십팔	7 이 4 묶음
7 × 5 = 35	칠 오 삼십오	7 이 5 묶음
7 × 6 = 42	칠 육 사십이	7 이 6 묶음
7 × 7 = 49	칠 칠 사십구	7 이 7 묶음
7 × 8 = 56	칠 팔 오십육	7 이 8 묶음
7 × 9 = 63	칠 구 육십삼	7 이 9 묶음

5단계 달인에 도전하기 ❶

정답 ▶ 95쪽

✏️ 다음 빈칸에 알맞은 수를 쓰세요.

초보 ▶▶▶ 보통 ▶▶▶ 고수

초보	보통	고수
7 × 1 = 7	7 × 9 = 63	7 × 8 = 56
7 × 2 = 14	7 × 8 = 56	7 × 4 = 28
7 × 3 = 21	7 × 7 = 49	7 × 3 = 21
7 × 4 = 28	7 × 6 = 42	7 × 7 = 49
7 × 5 = 35	7 × 5 = 35	7 × 2 = 14
7 × 6 = 42	7 × 4 = 28	7 × 1 = 7
7 × 7 = 49	7 × 3 = 21	7 × 6 = 42
7 × 8 = 56	7 × 2 = 14	7 × 5 = 35
7 × 9 = 63	7 × 1 = 7	7 × 9 = 63

초보부터 달인까지, 한 단계씩 차근차근 도전해 볼까요? 과절 금지!

7단 70-71쪽

5단계 달인에 도전하기 ❷

✏️ 다음 빈칸에 알맞은 수를 쓰세요.

▶▶▶ 달인

7 × 5 = 35	7 × 6 = 42
7 × 7 = 49	7 × 3 = 21
7 × 2 = 14	7 × 4 = 28
7 × 8 = 56	7 × 1 = 7
7 × 3 = 21	7 × 2 = 14
7 × 1 = 7	7 × 9 = 63
7 × 6 = 42	7 × 7 = 49
7 × 4 = 28	7 × 5 = 35
7 × 9 = 63	7 × 8 = 56

6단계 비밀번호를 찾아라

정답 ▶ 95쪽

✏️ 누나와 함께 방 탈출 게임을 하고 있어요.
탈출하기 위해 7단을 이용하여 비밀번호를 찾아 볼까요?

1 7단을 외우며 ㉮~㉯에 맞는 수를 채워 보세요.

×	1	2	3	4	5	6	7	8	9
7	7	14	21	28	35	42	49	56	63
	㉮	㉯	㉰	㉱	㉲	㉳	㉴	㉵	㉶

2 **1**을 보고 첫 번째 방 자물쇠의 비밀번호를 찾아 보세요.

㉮	㉯	㉳	㉴
7	14	42	49

3 **1**을 보고 두 번째 방 자물쇠의 비밀번호를 찾아 보세요.

㉰	㉱	㉲	㉵	㉶
21	28	35	56	63

비밀번호를 알아냈나요?

9단

곱셈구구를 알아볼까요?

1단계 나의 사랑 수박 젤리

내가 가장 좋아하는 간식은 수박 모양 젤리야.
손바닥보다 작은 봉지에 들어 있는데,
한 봉지에 수박 모양 젤리가 9개씩 들어 있어.
아빠는 내가 일주일 동안 약속한 대로 열심히 공부하면
수박 젤리 한 봉지씩 사 주겠다고 하셨어.
그래서 난 미션을 완수하며 젤리를 서랍에 모으고 있지!
한번 볼래?

수박 젤리는 한 봉지에 9개가 들어 있어요. 젤리는 모두 몇 개인지 세어 볼까요?

1 수박 젤리 1봉지

| 젤리 9개 | 9개 × 1봉지 = 9개 |

2 수박 젤리 2봉지

9 + 9 ⎮ 9 × 2 = 18

3 수박 젤리 3봉지

9 + 9 + 9 ⎮ 9 × 3 = 27

4 수박 젤리 4봉지

9 + 9 + 9 + 9 ⎮ 9 × 4 = 36

수박 젤리 한 봉지에 젤리가 9 개씩 들어 있으니까
수박 젤리 4봉지에 들어 있는 젤리는 모두 36 개예요.

72 ● 한 권으로 구구단 끝

9단 ● 73

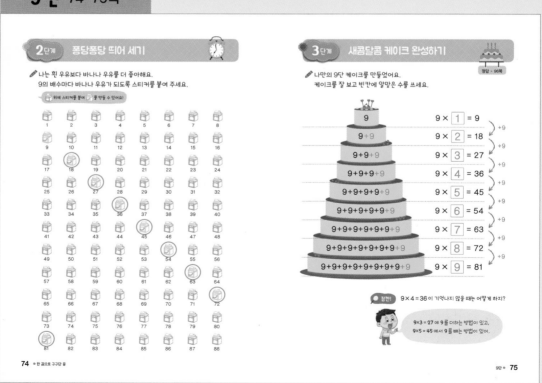

2단계 퐁당퐁당 띄어 세기

나는 흰 우유보다 바나나 우유를 더 좋아해요.
9의 배수마다 바나나 우유가 되도록 스티커를 붙여 주세요.

위에 스티커를 붙여 틀을 만들 수 있어요!

3단계 새콤달콤 케이크 완성하기

나만의 9단 케이크를 만들었어요.
케이크를 잘 보고 빈칸에 알맞은 수를 쓰세요.

9 ⎮ 9 × 1 = 9
9 + 9 ⎮ 9 × 2 = 18 +9
9 + 9 + 9 ⎮ 9 × 3 = 27 +9
9 + 9 + 9 + 9 ⎮ 9 × 4 = 36 +9
9 + 9 + 9 + 9 + 9 ⎮ 9 × 5 = 45 +9
9 + 9 + 9 + 9 + 9 + 9 ⎮ 9 × 6 = 54 +9
9 + 9 + 9 + 9 + 9 + 9 + 9 ⎮ 9 × 7 = 63 +9
9 + 9 + 9 + 9 + 9 + 9 + 9 + 9 ⎮ 9 × 8 = 72 +9
9 + 9 + 9 + 9 + 9 + 9 + 9 + 9 + 9 ⎮ 9 × 9 = 81

잠깐! 9 × 4 = 36 이 기억나지 않을 때는 어떻게 하지?

9×3 = 27 에 9를 더하는 방법이 있고,
9×5 = 45 에서 9를 빼는 방법이 있어.

74 ● 한 권으로 구구단 끝

9단 ● 75

9단 76-77쪽

4단계 읽고 써 보기

9단을 바르게 읽고 빈칸에 알맞은 말을 쓰세요.

9단	읽기	의미
9×1=9	구 일은 구	9가 1 묶음
9×2=18	구 이 십팔	9가 2 묶음
9×3=27	구 삼 이십칠	9가 3 묶음
9×4=36	구 사 삼십육	9가 4 묶음
9×5=45	구 오 사십오	9가 5 묶음
9×6=54	구 육 오십사	9가 6 묶음
9×7=63	구 칠 육십삼	9가 7 묶음
9×8=72	구 팔 칠십이	9가 8 묶음
9×9=81	구 구 팔십일	9가 9 묶음

5단계 달인에 도전하기 ❶

다음 빈칸에 알맞은 수를 쓰세요.

초보 ▶▶▶ 보통 ▶▶▶ 고수

9×1 = 9	9×9 = 81	9×8 = 72
9×2 = 18	9×8 = 72	9×4 = 36
9×3 = 27	9×7 = 63	9×3 = 27
9×4 = 36	9×6 = 54	9×7 = 63
9×5 = 45	9×5 = 45	9×2 = 18
9×6 = 54	9×4 = 36	9×1 = 9
9×7 = 63	9×3 = 27	9×6 = 54
9×8 = 72	9×2 = 18	9×5 = 45
9×9 = 81	9×1 = 9	9×9 = 81

9단 78-79쪽

5단계 달인에 도전하기 ❷

다음 빈칸에 알맞은 수를 쓰세요.

 달인

9 × 5 = 45	9 × 6 = 54
9 × 7 = 63	9 × 3 = 27
9 × 2 = 18	9 × 4 = 36
9 × 8 = 72	9 × 1 = 9
9 × 3 = 27	9 × 2 = 18
9 × 1 = 9	9 × 9 = 81
9 × 6 = 54	9 × 7 = 63
9 × 4 = 36	9 × 5 = 45
9 × 9 = 81	9 × 8 = 72

6단계 비밀번호를 찾아라

1 9단을 외우며 ㉮~㉯에 맞는 수를 채워 보세요.

×	1	2	3	4	5	6	7	8	9
9	9	18	27	36	45	54	63	72	81
	㉮	㉯	㉰	㉱	㉲	㉳	㉴	㉵	㉶

2 1을 보고 왼쪽 서랍의 비밀번호를 찾아 보세요.

㉮	㉰	㉴	㉵
9	27	63	72

3 1을 보고 오른쪽 서랍의 비밀번호를 찾아 보세요.

㉯	㉱	㉲	㉳	㉶
18	36	45	54	81

내가 바로 빙고왕

놀면서 익히는 곱셈구구

규칙

1 각 단의 구구단이 골고루 모두 들어가야 합니다.
예) 2×2=4 를 두 번 쓰면 안 되고, 안 써도 안 돼요!

2 한 번씩 번갈아 가며 한 칸씩 외칩니다.
예) "이 이는 사!"라고 말하고 해당 칸을 색칠해요.

3 직선, 대각선으로 3개가 연속으로 색칠되면 줄을 긋습니다.
한 줄이 완성될 때마다 색칠!

4 상대방보다 먼저 3줄을 완성하고
"빙고!"라고 외치면 승리합니다.

★ 빙고판은 넥서스에듀 수학 홈페이지에서
다운로드하여 더 즐기실 수 있습니다.

math.nexusedu.kr

2단

ROUND 1

○ ○ ○ ●

2 × ☐ = ☐   2 × ☐ = ☐   2 × ☐ = ☐

2 × ☐ = ☐   2 × ☐ = ☐   2 × ☐ = ☐

2 × ☐ = ☐   2 × ☐ = ☐   2 × ☐ = ☐

넥서스에듀

- 자르는 선 - - - - ✂

2단

ROUND 1

○ ○ ○

2 × ☐ = ☐   2 × ☐ = ☐   2 × ☐ = ☐

2 × ☐ = ☐   2 × ☐ = ☐   2 × ☐ = ☐

2 × ☐ = ☐   2 × ☐ = ☐   2 × ☐ = ☐

넥서스에듀

2단

ROUND 2

○ ○ ○

2 × ☐ = ☐	2 × ☐ = ☐	2 × ☐ = ☐
2 × ☐ = ☐	2 × ☐ = ☐	2 × ☐ = ☐
2 × ☐ = ☐	2 × ☐ = ☐	2 × ☐ = ☐

넥서스에듀

✂ - - - - 자르는 선 -

2단

ROUND 2

○ ○ ○

2 × ☐ = ☐	2 × ☐ = ☐	2 × ☐ = ☐
2 × ☐ = ☐	2 × ☐ = ☐	2 × ☐ = ☐
2 × ☐ = ☐	2 × ☐ = ☐	2 × ☐ = ☐

넥서스에듀

5단

ROUND 1

○ ○ ○

$5 \times \boxed{} = \boxed{}$	$5 \times \boxed{} = \boxed{}$	$5 \times \boxed{} = \boxed{}$
$5 \times \boxed{} = \boxed{}$	$5 \times \boxed{} = \boxed{}$	$5 \times \boxed{} = \boxed{}$
$5 \times \boxed{} = \boxed{}$	$5 \times \boxed{} = \boxed{}$	$5 \times \boxed{} = \boxed{}$

넥서스에듀

- - - - - - 자르는 선 - - - - -

5단

ROUND 1

○ ○ ○

$5 \times \boxed{} = \boxed{}$	$5 \times \boxed{} = \boxed{}$	$5 \times \boxed{} = \boxed{}$
$5 \times \boxed{} = \boxed{}$	$5 \times \boxed{} = \boxed{}$	$5 \times \boxed{} = \boxed{}$
$5 \times \boxed{} = \boxed{}$	$5 \times \boxed{} = \boxed{}$	$5 \times \boxed{} = \boxed{}$

넥서스에듀

5단

ROUND 2

○ ○ ○

$5 \times \boxed{} = \boxed{}$	$5 \times \boxed{} = \boxed{}$	$5 \times \boxed{} = \boxed{}$
$5 \times \boxed{} = \boxed{}$	$5 \times \boxed{} = \boxed{}$	$5 \times \boxed{} = \boxed{}$
$5 \times \boxed{} = \boxed{}$	$5 \times \boxed{} = \boxed{}$	$5 \times \boxed{} = \boxed{}$

넥서스에듀

✂ - - - 자르는 선 - - - - - - - - - - - - - - -

5단

ROUND 2

○ ○ ○

$5 \times \boxed{} = \boxed{}$	$5 \times \boxed{} = \boxed{}$	$5 \times \boxed{} = \boxed{}$
$5 \times \boxed{} = \boxed{}$	$5 \times \boxed{} = \boxed{}$	$5 \times \boxed{} = \boxed{}$
$5 \times \boxed{} = \boxed{}$	$5 \times \boxed{} = \boxed{}$	$5 \times \boxed{} = \boxed{}$

넥서스에듀

3단

ROUND 1

○ ○ ○

$3 \times \boxed{} = \boxed{}$ $3 \times \boxed{} = \boxed{}$ $3 \times \boxed{} = \boxed{}$

$3 \times \boxed{} = \boxed{}$ $3 \times \boxed{} = \boxed{}$ $3 \times \boxed{} = \boxed{}$

$3 \times \boxed{} = \boxed{}$ $3 \times \boxed{} = \boxed{}$ $3 \times \boxed{} = \boxed{}$

넥서스에듀

- - - 자르는 선 - - - ✂

3단

ROUND 1

○ ○ ○

$3 \times \boxed{} = \boxed{}$ $3 \times \boxed{} = \boxed{}$ $3 \times \boxed{} = \boxed{}$

$3 \times \boxed{} = \boxed{}$ $3 \times \boxed{} = \boxed{}$ $3 \times \boxed{} = \boxed{}$

$3 \times \boxed{} = \boxed{}$ $3 \times \boxed{} = \boxed{}$ $3 \times \boxed{} = \boxed{}$

넥서스에듀

3단

ROUND 2

◯ ◯ ◯

$3 \times \boxed{} = \boxed{}$　　$3 \times \boxed{} = \boxed{}$　　$3 \times \boxed{} = \boxed{}$

$3 \times \boxed{} = \boxed{}$　　$3 \times \boxed{} = \boxed{}$　　$3 \times \boxed{} = \boxed{}$

$3 \times \boxed{} = \boxed{}$　　$3 \times \boxed{} = \boxed{}$　　$3 \times \boxed{} = \boxed{}$

넥서스에듀

✂ ----- 자르는 선 -----

3단

ROUND 2

◯ ◯ ◯

$3 \times \boxed{} = \boxed{}$　　$3 \times \boxed{} = \boxed{}$　　$3 \times \boxed{} = \boxed{}$

$3 \times \boxed{} = \boxed{}$　　$3 \times \boxed{} = \boxed{}$　　$3 \times \boxed{} = \boxed{}$

$3 \times \boxed{} = \boxed{}$　　$3 \times \boxed{} = \boxed{}$　　$3 \times \boxed{} = \boxed{}$

넥서스에듀

6단

ROUND 1

○ ○ ○

$6 \times \boxed{} = \boxed{}$	$6 \times \boxed{} = \boxed{}$	$6 \times \boxed{} = \boxed{}$
$6 \times \boxed{} = \boxed{}$	$6 \times \boxed{} = \boxed{}$	$6 \times \boxed{} = \boxed{}$
$6 \times \boxed{} = \boxed{}$	$6 \times \boxed{} = \boxed{}$	$6 \times \boxed{} = \boxed{}$

넥서스에듀

자르는 선 ✂

6단

ROUND 1

○ ○ ○

$6 \times \boxed{} = \boxed{}$	$6 \times \boxed{} = \boxed{}$	$6 \times \boxed{} = \boxed{}$
$6 \times \boxed{} = \boxed{}$	$6 \times \boxed{} = \boxed{}$	$6 \times \boxed{} = \boxed{}$
$6 \times \boxed{} = \boxed{}$	$6 \times \boxed{} = \boxed{}$	$6 \times \boxed{} = \boxed{}$

넥서스에듀

6단

ROUND 2

○ ○ ○

$6 \times \boxed{} = \boxed{}$ $6 \times \boxed{} = \boxed{}$ $6 \times \boxed{} = \boxed{}$

$6 \times \boxed{} = \boxed{}$ $6 \times \boxed{} = \boxed{}$ $6 \times \boxed{} = \boxed{}$

$6 \times \boxed{} = \boxed{}$ $6 \times \boxed{} = \boxed{}$ $6 \times \boxed{} = \boxed{}$

넥서스에듀

✂ - - - - - 자르는 선 -

6단

ROUND 2

○ ○ ○

$6 \times \boxed{} = \boxed{}$ $6 \times \boxed{} = \boxed{}$ $6 \times \boxed{} = \boxed{}$

$6 \times \boxed{} = \boxed{}$ $6 \times \boxed{} = \boxed{}$ $6 \times \boxed{} = \boxed{}$

$6 \times \boxed{} = \boxed{}$ $6 \times \boxed{} = \boxed{}$ $6 \times \boxed{} = \boxed{}$

넥서스에듀

4단

ROUND 1

○ ○ ○

한 권으로 구구단 끝

$4 \times \boxed{} = \boxed{}$	$4 \times \boxed{} = \boxed{}$	$4 \times \boxed{} = \boxed{}$
$4 \times \boxed{} = \boxed{}$	$4 \times \boxed{} = \boxed{}$	$4 \times \boxed{} = \boxed{}$
$4 \times \boxed{} = \boxed{}$	$4 \times \boxed{} = \boxed{}$	$4 \times \boxed{} = \boxed{}$

넥서스에듀

4단

ROUND 1

○ ○ ○

한 권으로 구구단 끝

$4 \times \boxed{} = \boxed{}$	$4 \times \boxed{} = \boxed{}$	$4 \times \boxed{} = \boxed{}$
$4 \times \boxed{} = \boxed{}$	$4 \times \boxed{} = \boxed{}$	$4 \times \boxed{} = \boxed{}$
$4 \times \boxed{} = \boxed{}$	$4 \times \boxed{} = \boxed{}$	$4 \times \boxed{} = \boxed{}$

넥서스에듀

4단

○ ○ ○

$4 \times \boxed{} = \boxed{}$ $4 \times \boxed{} = \boxed{}$ $4 \times \boxed{} = \boxed{}$

$4 \times \boxed{} = \boxed{}$ $4 \times \boxed{} = \boxed{}$ $4 \times \boxed{} = \boxed{}$

$4 \times \boxed{} = \boxed{}$ $4 \times \boxed{} = \boxed{}$ $4 \times \boxed{} = \boxed{}$

넥서스에듀

✂ - - - - 자르는 선 -

4단

ROUND 2

○ ○ ○

$4 \times \boxed{} = \boxed{}$ $4 \times \boxed{} = \boxed{}$ $4 \times \boxed{} = \boxed{}$

$4 \times \boxed{} = \boxed{}$ $4 \times \boxed{} = \boxed{}$ $4 \times \boxed{} = \boxed{}$

$4 \times \boxed{} = \boxed{}$ $4 \times \boxed{} = \boxed{}$ $4 \times \boxed{} = \boxed{}$

넥서스에듀

8단

ROUND 1

$8 \times \boxed{} = \boxed{}$ $8 \times \boxed{} = \boxed{}$ $8 \times \boxed{} = \boxed{}$

$8 \times \boxed{} = \boxed{}$ $8 \times \boxed{} = \boxed{}$ $8 \times \boxed{} = \boxed{}$

$8 \times \boxed{} = \boxed{}$ $8 \times \boxed{} = \boxed{}$ $8 \times \boxed{} = \boxed{}$

넥서스에듀

 자르는 선

8단

ROUND 1

○ ○ ○

$8 \times \boxed{} = \boxed{}$ $8 \times \boxed{} = \boxed{}$ $8 \times \boxed{} = \boxed{}$

$8 \times \boxed{} = \boxed{}$ $8 \times \boxed{} = \boxed{}$ $8 \times \boxed{} = \boxed{}$

$8 \times \boxed{} = \boxed{}$ $8 \times \boxed{} = \boxed{}$ $8 \times \boxed{} = \boxed{}$

넥서스에듀

8단

◯ ◯ ◯

8 × ☐ = ☐   8 × ☐ = ☐   8 × ☐ = ☐

8 × ☐ = ☐   8 × ☐ = ☐   8 × ☐ = ☐

8 × ☐ = ☐   8 × ☐ = ☐   8 × ☐ = ☐

넥서스에듀

✂ - - - - 자르는 선 - - - - - - - - - - - -

8단

ROUND 2

◯ ◯ ◯

8 × ☐ = ☐   8 × ☐ = ☐   8 × ☐ = ☐

8 × ☐ = ☐   8 × ☐ = ☐   8 × ☐ = ☐

8 × ☐ = ☐   8 × ☐ = ☐   8 × ☐ = ☐

넥서스에듀

7단

ROUND 1

◯ ◯ ◯

$7 \times \boxed{} = \boxed{}$ $7 \times \boxed{} = \boxed{}$ $7 \times \boxed{} = \boxed{}$

$7 \times \boxed{} = \boxed{}$ $7 \times \boxed{} = \boxed{}$ $7 \times \boxed{} = \boxed{}$

$7 \times \boxed{} = \boxed{}$ $7 \times \boxed{} = \boxed{}$ $7 \times \boxed{} = \boxed{}$

넥서스에듀

---- 자르는 선 ----✂

7단

ROUND 1

◯ ◯ ◯

$7 \times \boxed{} = \boxed{}$ $7 \times \boxed{} = \boxed{}$ $7 \times \boxed{} = \boxed{}$

$7 \times \boxed{} = \boxed{}$ $7 \times \boxed{} = \boxed{}$ $7 \times \boxed{} = \boxed{}$

$7 \times \boxed{} = \boxed{}$ $7 \times \boxed{} = \boxed{}$ $7 \times \boxed{} = \boxed{}$

넥서스에듀

7단

○ ○ ○

한 권으로 구구단 끝

$7 \times \boxed{} = \boxed{}$ $7 \times \boxed{} = \boxed{}$ $7 \times \boxed{} = \boxed{}$

$7 \times \boxed{} = \boxed{}$ $7 \times \boxed{} = \boxed{}$ $7 \times \boxed{} = \boxed{}$

$7 \times \boxed{} = \boxed{}$ $7 \times \boxed{} = \boxed{}$ $7 \times \boxed{} = \boxed{}$

넥서스에듀

✂ - - - 자르는 선 -

7단

ROUND 2

○ ○ ○

한 권으로 구구단 끝

$7 \times \boxed{} = \boxed{}$ $7 \times \boxed{} = \boxed{}$ $7 \times \boxed{} = \boxed{}$

$7 \times \boxed{} = \boxed{}$ $7 \times \boxed{} = \boxed{}$ $7 \times \boxed{} = \boxed{}$

$7 \times \boxed{} = \boxed{}$ $7 \times \boxed{} = \boxed{}$ $7 \times \boxed{} = \boxed{}$

넥서스에듀

9단

ROUND 1

○ ○ ○

9 × □ = □　　9 × □ = □　　9 × □ = □

9 × □ = □　　9 × □ = □　　9 × □ = □

9 × □ = □　　9 × □ = □　　9 × □ = □

자르는 선 - - - - ✂

9단

ROUND 1

○ ○ ○

9 × □ = □　　9 × □ = □　　9 × □ = □

9 × □ = □　　9 × □ = □　　9 × □ = □

9 × □ = □　　9 × □ = □　　9 × □ = □

9단

○ ○ ○

$9 \times \boxed{} = \boxed{}$ $9 \times \boxed{} = \boxed{}$ $9 \times \boxed{} = \boxed{}$

$9 \times \boxed{} = \boxed{}$ $9 \times \boxed{} = \boxed{}$ $9 \times \boxed{} = \boxed{}$

$9 \times \boxed{} = \boxed{}$ $9 \times \boxed{} = \boxed{}$ $9 \times \boxed{} = \boxed{}$

넥서스에듀

✂ ------- 자르는 선 -----------------------------

9단

ROUND 2

○ ○ ○

$9 \times \boxed{} = \boxed{}$ $9 \times \boxed{} = \boxed{}$ $9 \times \boxed{} = \boxed{}$

$9 \times \boxed{} = \boxed{}$ $9 \times \boxed{} = \boxed{}$ $9 \times \boxed{} = \boxed{}$

$9 \times \boxed{} = \boxed{}$ $9 \times \boxed{} = \boxed{}$ $9 \times \boxed{} = \boxed{}$

넥서스에듀

MEMO

MEMO

2단 14쪽

5단 24쪽

3단 32쪽

6단 42쪽

4단 50쪽

8단 58쪽

7단 66쪽

9단 74쪽